erfolgreich studieren

Das Konzept „erfolgreich studieren" erfüllt eine zentrale Herausforderung der Lehrenden und Studierenden von heute: Es stehen immer geringere Zeitbudgets für das Vermitteln und Lernen zur Verfügung, während gleichzeitig Umfang und Komplexität von Wissen stetig zunehmen. Die Bücher der Reihe folgen einer darauf abgestimmten Didaktik. Lernziele am Anfang jedes Kapitels geben Orientierung, werden anhand von Übungen und Beispielen vertieft und durch Verständnisfragen und Aufgaben am Kapitelende wiederholt. Zu vielen Büchern finden sich zusätzliche Lerninhalte und Lösungen online. Stolpersteine, an denen leicht Verständnisprobleme entstehen können, werden besonders behandelt.

Heribert Bieler

# Vorkurs Mathematik

## Übungsbuch zum Studienbeginn an Hochschulen

Heribert Bieler
Bremen, Deutschland

Die Online-Version des Buches enthält digitales Zusatzmaterial, das durch ein Play-Symbol gekennzeichnet ist. Die Dateien können von Lesern des gedruckten Buches mittels der kostenlosen Springer Nature „More Media" App angesehen werden. Die App ist in den relevanten App-Stores erhältlich und ermöglicht es, das entsprechend gekennzeichnete Zusatzmaterial mit einem mobilen Endgerät zu öffnen.

ISSN 2524-8693          ISSN 2524-8707   (electronic)
erfolgreich studieren
ISBN 978-3-658-48665-5          ISBN 978-3-658-48666-2   (eBook)
https://doi.org/10.1007/978-3-658-48666-2

Die Deutsche Nationalbibliothek verzeichnet diese Publikation in der Deutschen Nationalbibliografie; detaillierte bibliografische Daten sind im Internet über https://portal.dnb.de abrufbar.



Springer Vieweg ist ein Imprint der eingetragenen Gesellschaft Springer Fachmedien Wiesbaden GmbH und ist ein Teil von Springer Nature.
Die Anschrift der Gesellschaft ist: Abraham-Lincoln-Str. 46, 65189 Wiesbaden, Germany

Wenn Sie dieses Produkt entsorgen, geben Sie das Papier bitte zum Recycling.

# Springer Nature More Media App

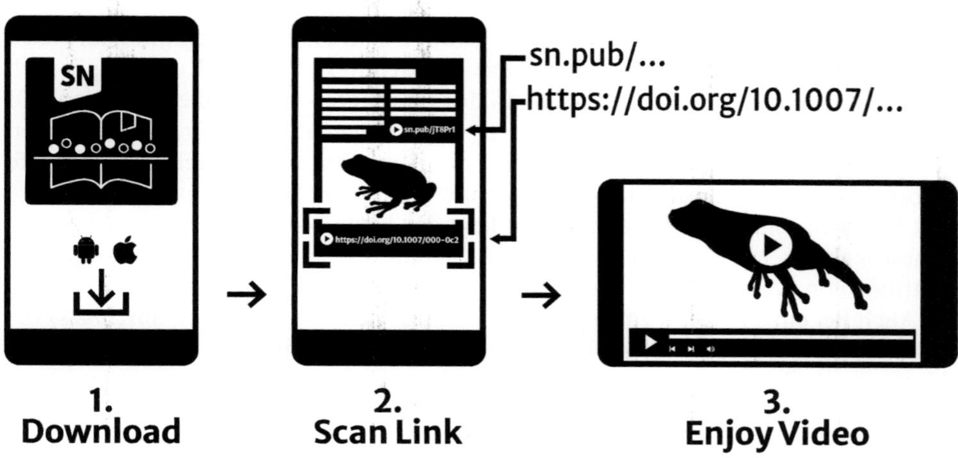



Support: customerservice@springernature.com

# Vorwort

Vor- bzw. Brückenkurse für Mathematik gehören zum Standardprogramm an vielen Universitäten und Fachhochschulen. Die Notwendigkeit dieser Kurse ergibt sich einerseits aus sehr unterschiedlichen Bildungsverläufen der Studienanfänger und andererseits aus erheblichen Defiziten in den mathematischen Grundkenntnissen (Fazit mehrerer internationaler Studien). Studienanfänger mit Fachhochschulreife haben häufig einen mittleren Schulabschluss und beginnen dann nach einer Lehre mit ihrem Studium. Bei Studienbeginn liegt der letzte Mathematikunterricht dann schon mehrere Jahre zurück, und die Ausbildung fokussiert meistens auf die Vermittlung von praktischem Wissen.

Auch bei einem Abitur (also Mathematikunterricht bis zum Schulabschluss) beklagen Universitäten und Fachhochschulen zunehmend, dass die Vorkenntnisse in Mathematik für einen erfolgreichen Besuch der Anfangsvorlesung nicht ausreichen.

Daher wird der Besuch eines Vorkurses in Mathematik von vielen Hochschulen, insbesondere für das Studium eines MINT-Faches, dringend empfohlen. Ziel dieser Vorkurse ist es, die Kenntnisse der Oberstufenmathematik (und z. T. auch Mittelstufenmathematik) wieder aufzufrischen.

An geeigneten Stellen wird im Buch auf die Unterschiede von schulischer Mathematik und universitärer Mathematik hingewiesen. Es gibt natürlich nur „eine" Mathematik aus fachlicher Sicht, aber an der Schule werden Kompetenzen (z. B. durch Üben von Rechentechniken) vermittelt, wie man sie im allgemeinen Leben braucht, während die Mathematik an einer Hochschule eine wissenschaftliche Disziplin ist, die ein höheres Abstraktionsniveau als die „Schulmathematik" aufweist. Dies wird an mehreren Beispielen erläutert, um den Studienanfänger vor dem berüchtigten Matheschock im ersten Semester zu bewahren.

Dieses Buch soll Ihnen helfen, die Anfangsvorlesung in Mathematik erfolgreich zu bestehen.

Hinweis: Die meisten Abbildungen in diesem Buch wurden mit der Software Geogebra erstellt.

Heribert Bieler
Bremen, Deutschland

# Interessenkonflikt

Der/die Autor*in hat keine für den Inhalt dieses Manuskripts relevanten Interessenkonflikte.

# Inhaltsverzeichnis

# Elementare Arithmetik

Für viele Studienanfänger liegt der Mathematikunterricht der Schule einige Jahre zurück. Dadurch ist sowohl der Oberstufenstoff, aber auch der Mittelstufenstoff nicht mehr unmittelbar präsent. Außerdem wird in der Schule häufig der Schwerpunkt nur auf die Einübung von Rechentechniken gelegt. Um den abstrakteren Lehrstil an einer Hochschule verfolgen zu können, ist es daher sinnvoll, nicht nur die elementaren Techniken der Mittelstufe, sondern auch die verschiedenen Zahlenmengen in Erinnerung zu rufen.

## Inhaltsverzeichnis

# Grundlagen und Auffrischung der Rechentechniken

**Inhaltsverzeichnis**




**Ergänzende Information** Die elektronische Version dieses Kapitels enthält Zusatzmaterial, auf das über folgenden Link zugegriffen werden kann [https://doi.org/10.1007/978-3-658-48666-2_1]. Die Videos lassen sich durch Anklicken des DOI-Links in der Legende einer entsprechenden Abbildung abspielen, oder indem Sie diesen Link mit der SN More Media App scannen.

Um eine Basis für das weitere Vorgehen zu schaffen, werden wesentliche Gebiete der Mittelstufenmathematik wiederholt. Um mit Zahlen umgehen zu können, werden die Zahlenmengen systematisch (bis zum Niveau der reellen Zahlen) eingeführt. Parallel zu den vertrauten Begriffen der Mittelstufenmathematik (z. B. umformen von Termen und Brüchen usw.) wird der Unterschied der Methodik von Schule und Hochschule erläutert.

Während der Schwerpunkt in der Schule auf der Vermittlung und Einübung von Rechentechniken liegt, ist die Vorgehensweise an einer Hochschule anders. Die Grundlagen der Mathematik bilden Axiome (man könnte auch sagen „Spielregeln") und darauf aufbauende Rechenregeln. Dies ist sicherlich neu, und in dieser Hinsicht soll das Buch den Praxisschock im ersten Semester etwas lindern. Die Kenntnis von Axiomen und die Art und Weise, logische Schlussfolgerungen zu ziehen, ist unerlässlich, um mathematischen Beweisen folgen zu können.

**Lernziele**
- Was sind Mengen und Zahlen?
- Wie funktioniert im Prinzip ein mathematischer Beweis?
- Gleichungen, Ungleichungen, binomische Formeln.
- Umformen von Termen und Gleichungen.

## Methodik, Mengen und Zahlen

### ■ Methodik

Aus didaktischen Gründen legt man in der Schulmathemathik den Schwerpunkt auf eine Vermittlung von Rechentechniken in ausgewählten Gebieten und auf die Verknüpfung vom Mathematik mit Problemen des täglichen Lebens. Diese Gebiete enthalten z. B. die Arithmetik, die Analysis, die Geometrie und Trigonometrie. Die mathematischen Fragestellungen werden häufig mit Beispielen aus der Praxis motiviert, um das Interesse am Fach zu fördern. Das methodische Vorgehen, und die dahinterliegende Logik beim Herleiten mathematischer Schlussfolgerungen stehen während der Schulzeit nicht im Mittelpunkt. Man beginnt praktisch gleich mit der Definition von Zahlen und Rechenregeln, die dann geübt werden.

Die Beherrschung solcher Techniken ist im täglichen Leben wichtig, aber die Mathematikvorlesung an der Hochschule beginnt sinnvollerweise mit einer systematischen Beschreibung der Methodik und der Vorgehensweise.

Bevor im Folgenden die arithmetischen Rechentechniken der Mittelstufe in knapper Form rekapituliert werden, ist ein kurzer Ausflug in die Methodik hilfreich, auch um das Wesen der Mathematik besser zu erfassen.

Ursprünglich lieferten die Alltagsprobleme (z. B. Abzählen von Gegenständen beim Handel, Landvermessung im Agrarwesen usw.) den Startpunkt, sich mit mathematischen Modellen zu befassen.

Die Griechen begründeten dann lange vor unserer Zeitrechnung die Mathematik als systematische Wissenschaft, indem man die Aussagen der Mathematik nicht nur auf anschaulichem Weg, sondern auch durch logische Beweise erzielte (siehe Arbeiten von z. B. Thales und Euklid).

Euklid war der Erste, der die Geometrie systematisch begründete. Seine Vorgehensweise ist ein gutes Beispiel, um zu verstehen, was der Wahrheitsgehalt und die Methodik der Mathematik eigentlich sind.

Er definiert das Gebiet der Geometrie mit der Einführung von Postulaten, wir würden heute sagen, mit der Einführung von Axiomen.

---

**Axiom**

Eine grundlegende mathematische Aussage über bis dahin eingeführte Begriffe.

---

Früher sollten nur solche Aussagen als Axiom anerkannt werden, wenn diese zweifellos wahr sind, also von jedermann akzeptiert werden. Heute gilt die erweiterte Fassung, dass Axiome auch unabhängig von der Wirklichkeit gültig sein können. Sie nehmen dann eher die Rolle von Spielregeln ein.

Allerdings muss ein System von Axiomen vollständig, unabhängig und widerspruchsfrei sein. Die daraus abgeleiteten Sätze sind dann nur innerhalb dieses Axiomensystems gültig.

Als Beispiel dienen die ersten fünf Axiome von Euklid zur Geometrie:

Axiom 1: Es soll gefordert werden, dass sich von jedem Punkt nach jedem Punkt eine gerade Linie ziehen lässt.

Axiom 2: Ferner, dass sich eine begrenzte Gerade (wir würden heute Strecke sagen) stetig in gerader Linie verlängern lasse.

Axiom 3: Ferner, dass sich mit jedem Mittelpunkt und Halbmesser ein Kreis beschreiben lässt.

Axiom 4: Ferner, dass alle rechten Winkel gleich seien.

Axiom 5: Endlich, wenn eine Gerade zwei Geraden trifft und mit ihnen auf derselben Seite innere Winkel bildet, die zusammen kleiner sind als zwei rechte Winkel, so sollen die beiden Geraden, unbegrenzt verlängert, schließlich auf der Seite zusammentreffen, auf der die Winkel liegen, die zusammen kleiner sind als zwei rechte Winkel (◘ Abb. 1.1).

Ein weiteres Beispiel ist die Eigenschaft von zwei parallelen Geraden, die von einer dritten Geraden (gestrichelt in ◘ Abb. 1.2) geschnitten werden. Diese Winkeleigenschaften lassen sich auch beweisen.

Diese Art der Geometriebeschreibung kennt man aus der Schulzeit sicher nicht, dort werden geometrische Objekte mit Lineal und Zirkel konstruiert und dann anschaulich erklärt. Das Abstraktionsniveau ist also zwischen der wissenschaftlichen und der anschaulichen Beschreibung unterschiedlich, das wird man im Verlauf des Studiums häufiger feststellen.

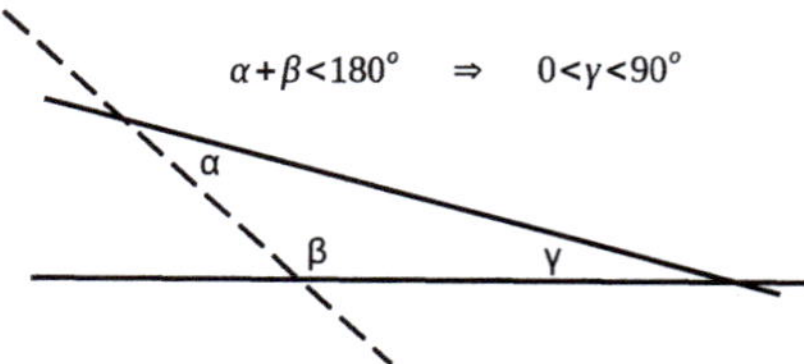


◘ **Abb. 1.1**   Beispiel zu Axiom 5, $\alpha$ und $\beta$ sind innere Winkel

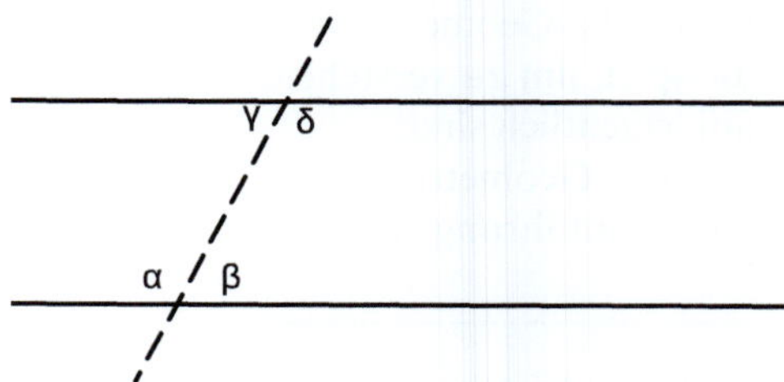


**Abb. 1.2** Winkelbeziehung an parallelen Geraden: $\beta + \delta = \alpha + \gamma = 180°$

**Abb. 1.3** Zwei Punkte definieren eine Gerade

Euklid definiert auch Dreiecke und Vierecke mit seiner Methodik. Begriffe wie Punkt und Gerade müssen natürlich vor der Definition von Axiomen festgelegt sein (in mathematisch eindeutiger Weise), darauf wollen wir hier nicht näher eingehen.

Der Zusammenhang zwischen Gerade und Punkt lautet in moderner Sprechweise:

Zu je zwei verschiedenen Punkten einer Ebene gibt es genau eine Gerade, auf der alle Punkte liegen (**Abb. 1.3**).

Jede Gerade enthält mindestens zwei Punkte. In einer Ebene gibt es mindestens drei verschiedene Punkte, die nicht alle auf einer Geraden liegen.

Zur Deckungsgleichheit von Dreiecken gibt es bei Euklid eine Formulierung, die wir heute in moderner Sprache als Axiom formulieren:

Axiom von der Seite-Winkel-Seite-Kongruenz: Wenn zwei Dreiecke in einem Winkel und beiden anliegenden Seiten übereinstimmen, sind sie schon kongruent (= deckungsgleich).

Diese Art der Geometriebeschreibung ist sehr abstrakt und auf anschauliche Hilfsmittel wird überwiegend verzichtet. Aber praktische Kenntnisse für den Alltag (also nützliches z. B. für die Landvermessung) sind daraus schwer abzuleiten.

Viel später als Euklid (vor Christus) erfand Descartes um 1600 (nach Christus) das Koordinatensystem. Damit kann man (in Bezug auf ein solches Koordinatensystem, z. B. x-y -System in der Ebene) den geometrischen Objekten Zahlen zuordnen. Mit diesen Zahlen kann man rechnen, und daraus ist die komplette analytische Geometrie entstanden. Diese Art der Geometriebeschreibung, die die meisten aus der Schule kennen, findet man weiter hinten im entsprechenden Buchkapitel.

Oben wurde der Begriff Wahrheit erwähnt, ohne darauf näher einzugehen.

Der Wahrheitsgehalt einer mathematischen Aussage hängt allein von der sorgfältig und korrekt durchgeführten logischen Schlussweise ab. Es gibt unterschiedliche Ausprägungen, aber es wird heute allgemein anerkannt, dass die Wahrheit der Mathematik eine Wahrheit innerhalb des Axiomensystems ist. Da dieses Axiomensystem nicht unbedingt etwas mit der Wirklichkeit zu tun haben muss, folgt daraus, dass die mathematische Wahrheit keine Wahrheit an sich, also absolute Wahrheit, ist. Dies ist sicher eine ungewöhnliche Schlussfolgerung aus Sicht der Schulmathematik.

Was ist nun eine saubere logische Schlussfolgerung.

---
**Aussage**

Eine Aussage ist ein als Satz formulierter Gedanke, dem man auf eindeutige Weise nur den Wahrheitswert „wahr" oder „falsch" zuordnen kann.

---

Ein „Vielleicht" gibt es in der Mathematik nicht. Auch ein grammatikalisch richtiger Satz ist noch lange keine mathematische Aussage. Z. B. ist der Satz

„Wie spät ist es?" nicht zulässig im Sinne der obigen Definition.

Auch der Satz

„Am 1. Dezember 2080 wird es in Hamburg regnen" ist mathematisch unzulässig, er kann nicht heute (also unmittelbar) den Wert „wahr" oder „falsch" erhalten.

Zulässig ist die bekannte Aussage: Die Winkelsumme im Dreieck ist 180 Grad.

Zur Verknüpfung unterschiedlicher Aussagen und zur Erstellung von mathematischen Strukturen verwendet man die folgenden Definitionen in Bezug auf die Aussagen A und B.

---
**Definition**

Konjunktion: Unter der Konjunktion der Aussage A und B versteht man die Aussage A geschnitten B

$$A \cap B \tag{1.1}$$

(in Worten A **und** B), die genau dann wahr ist, wenn A und B wahr sind.

Disjunktion: Unter der Disjunktion der Aussage A und B versteht man die Aussage A vereinigt B

$$A \cup B \tag{1.2}$$

(in Worten A oder B), die genau dann wahr ist, wenn *wenigstens eine* der beiden Aussagen A oder B wahr ist.

---

Dieses mathematische „oder" darf man nicht verwechseln mit dem umgangssprachlichen „entweder … oder".

Weitere wichtige Begriffe, die immer wieder gebraucht werden, sind:

---
**Definition**

Negation: Unter der Negation einer Aussage A versteht man die Aussage „nicht" A,

$$\neg A, \tag{1.3}$$

die genau dann wahr ist, wenn A selbst falsch ist.

Implikation: Unter der Implikation (in Worten A impliziert B) versteht man die Aussage B oder nicht A

$$B \vee \neg A. \tag{1.4}$$

---

In der Umgangssprache sagen wir: Aus A folgt B. Oder: Wenn A, dann B. B ist also eine notwendige Bedingung für A.

Für die Frage nach der Richtungsumkehr (z. B. bei einem Beweis) ist folgende Definition wichtig:

> **Definition**
>
> Äquivalenz: Unter der logischen Äquivalenz (in Worten: A gilt genau dann, wenn B gilt) versteht man die zusammengesetzte Aussage
>
> $$A \Leftrightarrow B. \tag{1.5}$$

Diese Definitionen werden bei der Beweisführung wichtig werden.

Hier genügt es, ein Beispiel für eine Beweisführung, wie man sie von der Schule kennt, darzustellen.

Behauptung: Die Zahl 1 ist die Lösung der quadratischen Gleichung:

$$x^2 + 2x - 3 = 0 \tag{1.6}$$

Um eine Lösung der Gleichung zu erhalten, wird (in der Schule) die Gleichung so lange umgeformt, bis man die Lösung erhält.

Die ursprüngliche Gleichung lässt sich umformen zu

$$\left(x^2 + 2x - 3\right) + 4 = 4 \tag{1.7}$$

Also gilt

$$\left(x + 1\right)^2 = 4 \tag{1.8}$$

Jetzt wählt man beim Wurzelziehen auf der rechten Seite +2. Damit erhält man x = 1. Also ist die Behauptung bewiesen.

Das ist nicht ganz korrekt im Sinne der „strengen" Mathematik. Mit den Umformungen der ursprünglichen Gleichung hat man ja (implizit) vorausgesetzt, dass die behauptete Gleichung richtig ist. Nur so konnte man ja umformen.

Solche Umformungen können allerdings zu Widersprüchen führen, wenn die Behauptung falsch ist.

Wissenschaftlich korrekt ist die Vorgehensweise der deduktiven Methode.

Bei der deduktiven Methode werden auf Basis von gesicherten Sätzen (die also schon als wahr bewiesen wurden) Umformungen der Behauptung vorgenommen. Nach mehreren Umformungen folgt dann die Korrektheit der Behauptung. Diese Umformungen sind manchmal schwierig zu finden, daher sind sie in der Schulmathematik eher selten.

Man unterscheidet häufig zwischen drei verschiedenen Beweistechniken, die alle aus der Schulmathematik bekannt sind:

Direkter Beweis: Direkte (korrekte) Umformungen führen dazu, der Behauptung den Wert wahr oder falsch zuordnen zu können.

Indirekter Beweis: Die Behauptung wird als falsch angenommen. Umformungen dieser falschen Behauptung führen dann zu Widersprüchen. Also muss das Gegenteil wahr sein. Ein „Vielleicht" gibt es in der Mathematik nicht, es gibt nur wahre und falsche Aussagen (siehe obige Einführung).

Vorgehensweise beim induktiven Beweis: Für eine bestimmte Zahl n (häufig 1) wird durch Einsetzen die Behauptung bewiesen, und dann wird auf die nächst größere Zahl n + 1 geschlossen. Diese Schlussfolgerung (aus dem Beweis für n folgt der Beweis für n + 1) ist so allgemein, dass sie damit für beliebige Ausgangszahlen gilt. Also gilt die Behauptung damit für alle Zahlen.

Beispiel: Die Summenformel

$$\sum_{k=1}^{n} k = \frac{n(n+1)}{2} \tag{1.9}$$

soll bewiesen werden.

Schritt 1: Die Formel ist für ein bestimmtes, aber beliebig gewähltes n gültig. Dies lässt sich durch Ausprobieren leicht zeigen. Dieser Schritt muss hier nicht im Detail beschrieben werden.

Schritt 2: Wir betrachten die darauf folgende Summe, also den Ausdruck für die nächsthöhere Zahl n + 1. Durch direkte Umformungen (also hier kein Widerspruchbeweis) versucht man, die Behauptung zu zeigen.

Die nächsthöhere Summe lautet.

$$\sum_{k=1}^{n+1} k = \sum_{k=1}^{n} k + (n+1) \tag{1.10}$$

Diese Umformung bedeutet, dass sich die Summe immer als Summe bis n schreiben lässt, und dann wird das letzte Glied separat addiert. Für die Summe bis n gilt aber gemäß Schritt 1 die Behauptung. Also folgt daraus

$$\begin{aligned}
\sum_{k=1}^{n} k + (n+1) &= \frac{n(n+1)}{2} + (n+1) \\
\Rightarrow \frac{n(n+1)}{2} + (n+1) &= \frac{n(n+1)}{2} + \frac{2(n+1)}{2} \\
&= \frac{n(n+1)+2(n+1)}{2} = \frac{(n+1)\cdot(n+2)}{2} \\
\Rightarrow \sum_{k=1}^{n+1} k &= \frac{(n+1)\cdot(n+2)}{2}
\end{aligned} \tag{1.11}$$

Diese Formel entspricht aber der Formel in der Behauptung mit dem einzigen Unterschied, dass die Zahl n durch (n + 1) auf beiden Seiten der Behauptung ersetzt wird. Damit ist folgender Beweis erbracht: Wenn die Behauptung für n gilt, gilt sie auch für (n + 1). Da die Zahl n (in Schritt 1) aber beliebig wählbar ist, ist die Behauptung für alle n bewiesen.

**■ Mengen und Zahlen**

Zahlen gehören bekanntlich zu den Grundlagen der Mathematik. Aus der Schulzeit wissen wir, dass es unterschiedliche Zahlen gibt. Alle Zahlen mit gleichen „Eigenschaften" fasst man zu Mengen zusammen. Mengen und die Beziehungen zwischen Mengen gehören zu den Werkzeugen der Mathematik, auch wenn dieses Gebiet kein Schwerpunkt der Schulmathematik ist. Mengen sind aber nützlich, um Zahlen zu charakterisieren und zu ordnen. Die Lösungen von mathematischen Problemen werden in Lösungsmengen dargestellt, daher ist die folgende knappe Einführung nützlich für das spätere Studium.

Cantor gilt als Erfinder der Mengenlehre, von ihm stammt (in der heutigen Sprache) die Definition:

> Unter einer Menge A verstehen wir eine Anordnung von bestimmten, wohlunterschiedenen Objekten unserer Anschauung oder unseres Denkens zu einem Ganzen.

Das Wort „wohlunterschieden" ist wichtig, kein Element einer Menge kommt doppelt vor. Auf die Reihenfolge der Elemente einer Menge kommt es nicht an.

Wir schreiben für die Aussage a ist Element der Menge A

$$a \in A. \tag{1.12}$$

Die natürlichen Zahlen von 1 bis 10 bilden also die Menge mit dem (willkürlichen) Namen B

$$B = \{1, 2, 3, \ldots, 9, 10\}. \tag{1.13}$$

Wenn klar ist, welche Elemente zur Menge gehören, lässt man diese auch weg, und schreibt Pünktchen an ihre Stelle.

Falls es unendlich viele Elemente gibt, deutet man dieses durch ein offenes Ende (Pünktchen Darstellung) an. Die Menge der natürlichen Zahlen ist also

$$\mathbb{N} = \{1, 2, 3, \ldots\}. \tag{1.14}$$

Mengen können durch Aufzählung der Elemente dargestellt werden, dies bietet sich für die Zahlenmengen an. Oder die Elemente werden durch eine Eigenschaft definiert.

Die Menge M aller Elemente x, für die eine bestimmte Aussage (E(X)) wahr ist, lautet daher:

$$M = \{x | E(X)\}. \tag{1.15}$$

Es gelten folgende Definitionen:

---

**Definition**

Teilmenge: Eine Menge B heißt Teilmenge von Menge A, wenn jedes Element von B auch Element von A ist.

Gleichheit: Zwei Mengen A und B heißen gleich, wenn sie dieselben Elemente haben.

Leere Menge: eine leere Menge ist eine Menge ohne Elemente.

---

Eine leere Menge darf nicht mit der Menge verwechselt werden, die nur die Zahl 0 enthält. Die drei wichtigsten Mengenoperationen sind die Durchschnittsbildung, die Vereinigung und die Differenzbildung.

---

**Definition**

**Durchschnitt:** Aus gegebenen Mengen A und B lässt sich eine neue Menge konstruieren (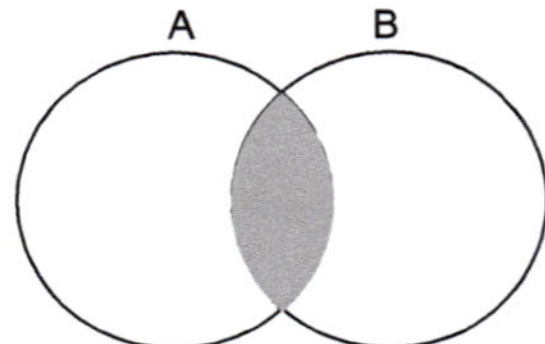 Abb. 1.4). Diese enthält nur diejenigen Elemente von A und B, die zu beiden Mengen A und B gehören.

$$A \cap B = \{a \in A \cap a \in B\} \tag{1.16}$$

**Vereinigung:** Fasst man alle Elemente von A und B zu einer neuen Menge zusammen, nennt man diese auch Vereinigung von A und B (■ Abb. 1.5).

$$A \cup B = \{a \in A \text{ oder } a \in B\} \tag{1.17}$$

**Differenz:** Die Differenz von A und B (oder: A ohne B) ist die Menge, die durch Entfernen aller Elemente von A entsteht, die auch zu B gehören (■ Abb. 1.6).

Man schreibt

$$A \setminus B = \{a \in A \cup a \notin B\}. \tag{1.18}$$

---



■ **Abb. 1.4** Durchschnitt zweier Mengen (grau)

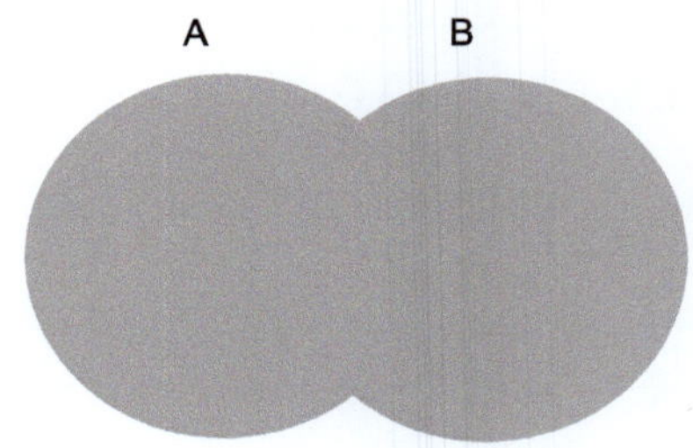

**Abb. 1.5**    Vereinigung zweier Mengen

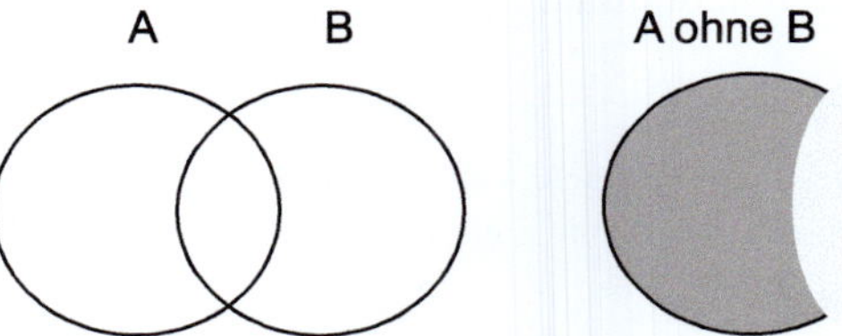

**Abb. 1.6**    Differenz zweier Mengen (links Ausgangssituation)

Beispiele

Sei A = {1,2,3,5} und B = {1,3,4,6,7}, so gilt:

$$
\begin{aligned}
A \cap B &= \{1,\ 3\} \\
A \cup B &= \{1,\ 2,\ 3,\ 4,\ 5,\ 6,\ 7\} \\
A \setminus B &= \{2,\ 5\} \\
B \setminus A &= \{4,\ 6,\ 7\}
\end{aligned}
\tag{1.19}
$$

Nun zu den verschiedenen Zahlenmengen und deren Rechenregeln.

> **Definition**
>
> Die Menge der natürlichen Zahlen enthält nicht die Zahl 0, daher gilt:
>
> $$\mathbb{N} = \{1,\ 2,\ 3,\ ....\}. \tag{1.20}$$
>
> Die Zahl Null ist eine Erweiterung der natürlichen Zahlen, und diese Menge $\mathbb{N}_0$ erhält eine eigenes Symbol:
>
> $$\mathbb{N}_0 = \{0,\ 1,\ 2,\ 3,\ ...\}. \tag{1.21}$$

Es gelten die folgenden Eigenschaften:

**Kommutativität:**

$$a + b = b + a$$
$$a \cdot b = b \cdot a \tag{1.22}$$

**Assoziativität:** Man kann Klammern setzen, die Reihenfolge der Elemente spielt hier keine Rolle.

$$(a + b) + c = a + (b + c) \tag{1.23}$$

**Distributivgesetz:**

$$(a + b) \cdot c = a \cdot c + b \cdot c \tag{1.24}$$

Es gilt also Punkt- vor Strichrechnung, hier gibt es häufig Flüchtigkeitsfehler.

---

**Definition**

Zu jeder natürlichen Zahl n bezeichnet man mit -n die Gegenzahl von n. Alle natürlichen Zahlen und die Zahl Null und alle Gegenzahlen zu diesen bilden zusammen die Menge der ganzen Zahlen und man schreibt:

$$\mathbb{Z} = \{\ldots, -3, -2, -1, 0, 1, 2, 3, \ldots\}. \tag{1.25}$$

---

Mit ganzen Zahlen kann man addieren, subtrahieren und multiplizieren, die Rechenregeln für Addition und Multiplikation sind die gleichen wie bei den natürlichen Zahlen.

Allerdings gilt bei Subtraktion nicht die Kommutativität: es gilt also

$$5 - 3 \neq 3 - 5. \tag{1.26}$$

Außerdem gilt Minus mal Minus ergibt Plus:

$$(-a) \cdot (-b) = a \cdot b. \tag{1.27}$$

Hinweis: bei geklammerten Ausdrücken müssen *erst* alle Operationen innerhalb der Klammern durchgeführt werden, bevor man die Klammer auflösen kann.

Beispiel:

$$(8 - 2 - 7) \cdot (2 - 1 - 6) \cdot (-2 + 3) = (-1) \cdot (-5) \cdot 1 = 5 \tag{1.28}$$

Beim Dividieren von ganzen Zahlen entsteht eine neue Zahlenmenge, die der rationalen Zahlen.

> **Definition**
>
> Dividiert man zwei ganze Zahlen, so entstehen Brüche, die zu den rationalen Zahlen gehören. Man schreibt
>
> $$\mathbb{Q} = \left\{ \frac{p}{q} \,\middle|\, p \in \mathbb{Z}, q \in \mathbb{N} \right\}. \tag{1.29}$$
>
> Durch die Zahl Null darf nicht dividiert werden. Die Brüche mit einer Einz im Nenner bilden die natürlichen Zahlen.

Die Zahlenmengen sind also systematisch aufgebaut, die rationalen Zahlen enthalten die ganzen Zahlen, und die ganzen Zahlen enthalten die natürlichen Zahlen.

Für die Bruchrechnung gelten folgende Regeln:

Erweitern heißt, man darf einen Bruch im Zähler und Nenner mit der gleichen Zahl multiplizieren, ohne dass der Wert des Bruchs sich ändert. Diese Zahl darf aber nicht die Zahl 0 sein.

$$\frac{p}{q} = \frac{p \cdot a}{q \cdot a} \qquad a \neq 0 \tag{1.30}$$

Kürzen: Man kann Zähler und Nenner durch die gleiche Zahl (aber ungleich 0) dividieren, der Wert des Bruches ändert sich nicht.

Durch das Erweitern von Brüchen kann man mehrere Brüche auf den gleichen Hauptnenner bringen. Dieser Hauptnenner ist das kleinste gemeinsame Vielfache der beteiligten Nenner.

$$\frac{1}{2} = \frac{1 \cdot 4}{2 \cdot 4} = \frac{4}{8} \tag{1.31}$$

Bevor man Brüche addieren oder subtrahieren kann, müssen sie auf den gleichen Hauptnenner gebracht werden. Dann addiert bzw. subtrahiert man die Zähler (◘ Abb. 1.7).

$$\frac{7}{9} + \frac{5}{12} = \frac{28}{36} + \frac{15}{36} = \frac{43}{36} \tag{1.32}$$

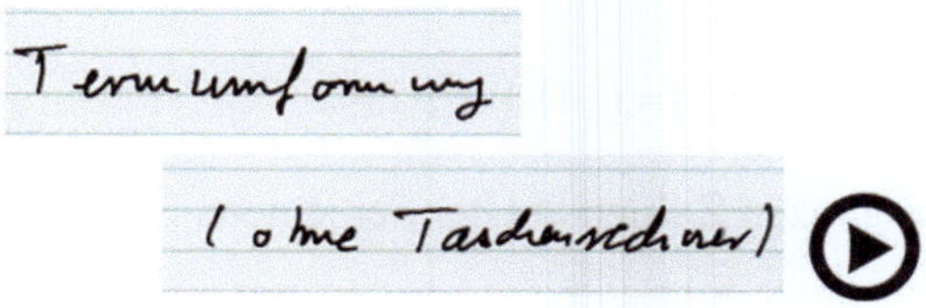

◘ **Abb. 1.7**   Lernvideo: Termumformung. (▶ https://doi.org/10.1007/000-gz6)

Die Multiplikation von Brüchen ist die separate Multiplikation von Zählern und Nennern.

$$\frac{a}{b} \cdot \frac{c}{d} = \frac{a \cdot c}{b \cdot d} \tag{1.33}$$

Die Division lässt sich auf die Multiplikation zurückführen.

$$\frac{\dfrac{a}{b}}{\dfrac{c}{d}} = \frac{a}{b} \cdot \frac{d}{c} = \frac{a \cdot d}{b \cdot c} \tag{1.34}$$

Falls Zähler und Nenner nur aus Produkten bestehen, kann man unter Umständen kürzen, man kann aber nie aus Summen kürzen.

$$\frac{a^2 \cdot a^3}{2 \cdot b \cdot a^3} = \frac{a^2}{2 \cdot b}$$
$$\frac{a^5 + 6 \cdot b^2}{2 \cdot b \cdot a^3} \tag{1.35}$$

Der zweite Bruch in Gl. 1.35 ist nicht weiter kürzbar.

Alle obigen vier Rechenoperationen sind für die ganzen Zahlen durchführbar. Es gibt aber keine Lösung (im Bereich rationaler Zahlen) für die Gleichung:

$$x^2 = 2. \tag{1.36}$$

Daher hat man die rationalen Zahlen zu den reellen Zahlen erweitert.

> **Definition**
>
> Die reellen Zahlen sind definiert als die Menge aller Dezimalzahlen. Diese haben die Eigenschaften:
> - abbrechend
> - nichtabbrechend, periodisch
> - nicht abbrechend, nicht periodisch

Die Zahl $\pi$ ist wohl die berühmteste reelle Zahl. Sie ist nichtabbrechend und nicht periodisch. Die reellen Zahlen bestehen also aus den bekannten rationalen Zahlen (die Brüche) und die irrationalen Zahlen mit den drei obigen Eigenschaften.

Alle Rechenregeln für die rationalen Zahlen gelten unverändert auch für die reellen Zahlen. Abschließend zeigt ◘ Abb. 1.8 die verschiedenen Zahlenmengen.

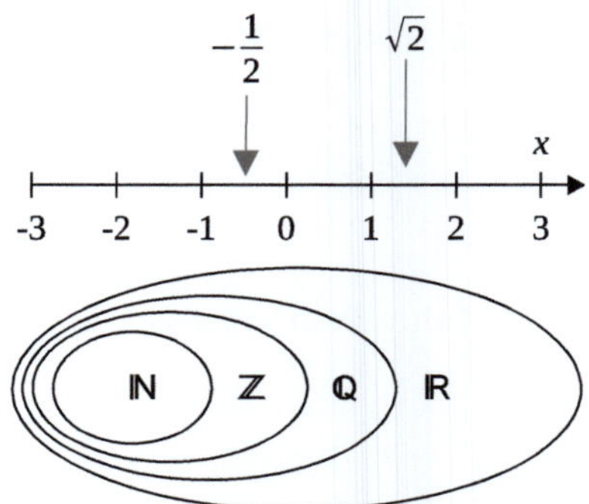



**Abb. 1.8** Zahlenmengen und Zahlengerade mit Beispielen $-\dfrac{1}{2} \in \mathbb{Q}$   $\sqrt{(2)} \in \mathbb{R}$

## Elementare Rechentechniken

Der Stoff, der üblicherweise in der Mittelstufe vermittelt wird, ist nicht der Schwerpunkt dieses Buches. Aber die Beherrschung von grundlegenden Rechentechniken und die korrekte Umformung von Gleichungen und Ungleichungen ist unabdingbar, um darauf aufbauend mathematische Probleme korrekt lösen zu können. Diese knappe Auffrischung des Mittelstufenstoffs steht am Ende dieses Kapitels, bevor im nächsten Kapitel der Begriff der Funktion und damit die Auffrischung der Oberstufenmathematik beginnt.

Aufbauend auf den Regeln der Multiplikation lässt sich der Begriff der Potenz erklären.

> **Definition**
>
> Für eine reelle Zahl a und eine natürliche Zahl n ist die n-te Potenz von a, also a hoch n, erklärt als das n-fache Produkt von a mit sich selbst.
>
> $$a^n = \underbrace{a \cdot a \cdot a \cdot a \ldots}_{n-mal} \tag{1.37}$$
>
> Die Zahl a heißt die Basis und die Zahl n ist der Exponent.

Beispiel:

$$2^4 = 2 \cdot 2 \cdot 2 \cdot 2 = 16 \tag{1.38}$$

Für Brüche gilt die Regel

$$\left\{\frac{a^n}{b^n}\right\} = \frac{a^n}{b^n}. \tag{1.39}$$

Durch Einsetzen von ganzen Zahlen n und m lassen sich die folgenden Regeln erklären.

$$a^n \cdot a^m = a^{n+m} \tag{1.40}$$

Für die Differenz gilt

$$\frac{a^n}{a^m} = a^{n-m}. \tag{1.41}$$

Die Potenz mit einer negativen Zahl soll möglich sein. Damit die obigen Regeln (für beliebige n und m) gültig bleiben, wird gefordert

$$a^0 = a^n \cdot a^{-n} = 1. \tag{1.42}$$

Daraus folgt auch

$$a^{-n} = \frac{1}{a^n}. \tag{1.43}$$

Für beliebige reelle Zahlen a wird

$$a^0 = 1. \tag{1.44}$$

Dies gilt auch für a = 0. Diese Festlegung war in der Mathematik in der Vergangenheit nicht unumstritten, aber ohne diese Festlegung müssen mehrere mathematische Theoreme eine Sonderbehandlung für die Zahl Null erhalten. Dies wird vermieden mit der obigen Definition.

Damit ist das Potenzieren mit ganzzahligen Exponenten erklärt. Man fordert die Gültigkeit der obigen Regeln für beliebige Exponenten, also auch für nicht ganze Zahlen. Das führt unmittelbar zum Wurzelbegriff, denn

$$2^{\frac{1}{2}} \cdot 2^{\frac{1}{2}} = 2. \tag{1.45}$$

Die Zahl, die mit sich selbst multipliziert zwei ergibt, ist aber als Wurzel zwei aus der Schule bekannt (◘ Abb. 1.9). Damit ist das Wurzelziehen auf das Potenzieren zurückgeführt. Es gilt:

◘ **Abb. 1.9** Lernvideo: Wurzelfunktion. (▶ https://doi.org/10.1007/000-gz5)

> **Definition**
>
> Für eine rationale Zahl q ist
>
> $$a^{\frac{1}{q}} = \sqrt[q]{a},\tag{1.46}$$
>
> und außerdem gilt
>
> $$a^{\frac{p}{q}} = \left\{\sqrt[q]{a}\right\}^{p}.\tag{1.47}$$

Bei unterschiedlichen Basen ist Vorsicht geboten. Nur bei gleichen Exponenten lassen sich Produkte vereinfachen

$$a^n \cdot b^n = \left\{a \cdot b\right\}^n.\tag{1.48}$$

Summen und Differenzen von Potenzen lassen sich nicht weiter vereinfachen, also der folgende Ausdruck ist bereits das endgültige Resultat, das nicht vereinfacht werden kann:

$$A = a^2 - b^2 + x^3 - y^3.\tag{1.49}$$

Potenzfunktionen sind in der Praxis sehr verbreitet. Um sehr große oder sehr kleine Zahlen kompakt schreiben zu können, werden häufig Zehnerpotenzen angewandt. Beispiel:

$$1g = 10^{-3}kg\tag{1.50}$$

Eine wichtige Potenzfunktion, die später noch im Zusammenhang mit Logarithmen erläutert wird, ist die Exponentialfunktion.

> **Definition**
>
> Die Gleichung
>
> $$a = b^x\tag{1.51}$$
>
> enthält die positiven reellen Zahlen a und b und gesucht ist der Exponent x als Lösung dieser Gleichung.
>
> Die Logarithmusrechnung ist die Umkehrung der Potenzrechnung.
> Man definiert dann
>
> $$\log_b a\tag{1.52}$$
>
> als den Logarithmus von a zur Basis b.

**Abb. 1.10**   Lernvideo: Logarithmusgleichung. (▶ https://doi.org/10.1007/000-gz4)

Der Logarithmus ist also der Exponent, mit dem die Basis a potenziert werden muss, um b zu erhalten.

Es gelten die folgenden Regeln mit den positiven reellen Zahlen u und v, und einer beliebigen ganzen Zahl q.

Der Logarithmus eines Produktes ist gleich der Summe der Logarithmen (■ Abb. 1.10)

$$\log(u \cdot v) = \log(u) + \log(v). \tag{1.53}$$

Der Logarithmus eines Quotienten ist gleich der Differenz der Logarithmen

$$\log\left(\frac{u}{v}\right) = \log(u) - \log(v). \tag{1.54}$$

Der Logarithmus einer Potenz ist gleich dem Logarithmus der Basis multipliziert mit dem Exponenten

$$\log\left(u^q\right) = q \cdot \log(u). \tag{1.55}$$

Außerdem gilt:

Für alle Basen b ist der Logarithmus von 1 gleich

$$\log_b(1) = 0. \tag{1.56}$$

Der Logarithmus von b zur Basis b ist gleich einz.

Potenzieren und logarithmieren sind umgekehrte Rechnungen, also gilt

$$b^{\log_b(u)} = u. \tag{1.57}$$

Es gibt spezielle Logarithmen, die für bestimmte Gebiete wichtig sind.

> **Definition**
>
> Dekadischer Logarithmus zur Basis 10
>
> $$lg(a) = \log_{10}(a). \tag{1.58}$$
>
> Dualer Logarithmus zur Basis 2
>
> $$ld(a) = \log_{2}(a). \tag{1.59}$$
>
> Natürlicher Logarithmus zur Basis der Eulerschen Zahl e (e = 2,71828..)
>
> $$\ln(a) = \log_{e}(a). \tag{1.60}$$

Der natürliche Logarithmus ist sehr wichtig für viele Bereiche in Wissenschaft und Technik. Jeden anderen Logarithmus kann man auf den natürlichen Logarithmus zurückführen. Es gilt

$$\log_{b}(a) = \frac{\ln(a)}{\ln(b)}, \tag{1.61}$$

mit der Konstanten ln(b).

Beispiele:

$$lg(3) + lg(4) + lg(5) = lg(3 \cdot 4 \cdot 5) = lg(60)$$

$$lg\left(\frac{ab}{cd}\right) = lg(a) + lg(b) - lg(c) - lg(d)$$

$$\ln\sqrt[3]{a^2 \cdot b^4} = \frac{2}{3}\ln(a) + \frac{4}{3}\ln(b) \tag{1.62}$$

$$2\ln(x) - \frac{1}{2}\ln(y) = \ln\left(\frac{x^2}{\sqrt{y}}\right)$$

Leider sind zu Beginn des Studiums häufig Unsicherheiten beim Umformen von Termen eine große Fehlerquelle. Daher sind im Folgenden elementare Umformungen als Beispiele aufgeführt.

- **Kürzen, erweitern und Umformungen von Brüchen**

Da

$$\frac{a \cdot c}{b \cdot c} = \frac{a}{b} \tag{1.63}$$

gilt, kann man sofort beim folgenden Beispiel kürzen

$$\frac{2\pi a^2 b}{4ac} = \frac{\pi ab}{2c}.$$

(1.64)

Falls im Zähler und/oder im Nenner Summen oder Differenzen stehen, muss man erst ausklammern, um kürzen zu können.

$$\frac{n^2 + 7n}{n^3 - 2n^2 + n} = \frac{n \cdot (n+7)}{n \cdot (n^2 - 2n + 1)} = \frac{n+7}{n^2 - 2n + 1}$$

(1.65)

Um Brüche zusammen fassen zu können, muss erst jeder Bruch so erweitert werden, dass man einen gemeinsamen Nenner erzielt.

Ein Ausdruck mit drei Brüchen lässt sich also wie folgt als ein Bruch zusammen fassen.

$$\frac{1}{x+1} - \frac{1}{x+2} + \frac{1}{x+3} = \frac{(x+2) \cdot (x+3)}{(x+1) \cdot (x+2) \cdot (x+3)}$$
$$- \frac{(x+1) \cdot (x+3)}{(x+1) \cdot (x+2) \cdot (x+3)} + \frac{(x+1) \cdot (x+2)}{(x+1) \cdot (x+2) \cdot (x+3)} = \frac{(x+2)^2 + 1}{(x+1) \cdot (x+2) \cdot (x+3)}$$

(1.66)

- **Summen, Produkte und binomische Formeln**

Beim Addieren, oder Multiplizieren von mehr als 2 oder 3 Zahlen, ist es häufig zweckmäßig, diese Zahlen durch Indizes zu kennzeichnen, also quasi durchzunummerieren.

Man führt für die Summe der Zahlen mit dem Laufindex i die folgenden Abkürzungen ein

$$\sum_{i=1}^{100} a_i = a_1 + a_2 + a_3 + \dots + a_{10}.$$

(1.67)

Man spricht, „Summe über alle $a_i$ und i läuft von 1 bis 100" (für das obige Beispiel). Der Buchstabe für den Index ist frei wählbar (i oder j sind jedoch sehr verbreitet) und der Startindex kann beliebig sein (also auch größer als 1).

Die Summe der Zahlen von 1 bis 10 ist also

$$\sum_{i=1}^{10} i = 1 + 2 + 3 + \dots + 10 = 55.$$

(1.68)

Die Zahl $a_i$ kann auch ein Ausdruck sein, z. B.

$$\sum_{i=1}^{5} i^2$$

$$\sum_{i=1}^{n} (i-2)^2 . \tag{1.69}$$

$$\sum_{i=1}^{n} a^i$$

Sehr bekannt ist die arithmetische Summenformel für die natürlichen Zahlen

$$\sum_{i=1}^{n} i = 1+2+3+\ldots+n = n\frac{(n+1)}{2} \tag{1.70}$$

und die geometrische Summenformel

$$\sum_{i=0}^{n} q^i = 1+q+q^2+\ldots+q^n . \tag{1.71}$$

Für die Multiplikation führt man folgende Definition ein

$$\prod_{i=1}^{n} a_i = a_1 \cdot a_2 \cdot \ldots . a_n . \tag{1.72}$$

Das große griechische Pi ($\Pi$) soll an den ersten Buchstaben beim Wort Produkt also P erinnern, während das griechische Sigma ($\Sigma$) des Summenzeichens an den Buchstaben S erinnert.

Für spezielle Produkte von natürlichen Zahlen führt man die Abkürzung Fakultät ein

$$n! = 1\cdot 2\cdot 3\cdot\ldots n . \tag{1.73}$$

Diese Funktion ist schnell wachsend, es gilt z. B.

$$5! = 1\cdot 2\cdot 3\cdot\ldots 5 = 120 . \tag{1.74}$$

Aus der Mittelstufe kennt man die drei binomischen Formeln als Produkte von Summen bzw. Differenzen zweier Variablen

$$\begin{aligned}
(a+b)^2 &= a^2 + 2ab + b^2 \\
(a-b)^2 &= a^2 - 2ab + b^2 . \\
(a-b)\cdot(a+b) &= a^2 - b^2
\end{aligned} \tag{1.75}$$

### ■ Einfache Gleichungen, Ungleichungen und Betragsgleichungen

Mathematische Aussagen werden sehr oft als *Gleichungen oder Ungleichungen* dargestellt. Dies üben wir an einfachen Beispielen, bevor es im nächsten Kapitel mit der Einführung des Funktionsbegriffes zu weiteren Anwendungen kommt.

Gleichungen und Ungleichungen enthalten (sehr oft) eine unbekannte Variable, deren Lösung gesucht ist.

Die allgemeine Form einer Gleichung ist also

linke Seite(x) = rechte Seite(x).

Ob diese Aussage wahr ist, hängt also vom Wert der Unbekannten x ab. Alle Werte von x, für die die Aussage wahr wird, nennt man Lösungsmenge dieser Gleichung.

Zur Berechnung der Lösungsmengen sind in der Mathematik ausschließlich Äquivalenzumformungen erlaubt.

Diese Umformungen sind:
- Addition und Subtraktion des gleichen Terms auf beiden Seiten
- Multiplikation beider Seiten mit einem von Null verschiedenen Term
- Division beider Seiten durch einen von Null verschiedenen Term
- Potenzieren beider Seiten mit ungeradem Exponenten
- N-tes Wurzelziehen auf beiden Seiten mit ungeradem Exponenten

Sind zwei Gleichungen $G_1$ und $G_2$ durch Äquivalenzumformungen auseinander hervorgegangen, so sagt man „ die Gleichungen sind äquivalent" und benutzt die Schreibweise

$$G_1 \Leftrightarrow G_2 \tag{1.76}$$

Umgangssprachlich sagt man, $G_1$ ist das gleiche wie $G_2$.

Das folgende Beispiel zeigt, dass man durch Umformungen, die nicht den obigen Regeln entsprechen, Widersprüche erzeugen kann.

Wir starten mit

$$x = 1 \tag{1.77}$$

und multiplizieren auf beiden Seiten mit x

$$x^2 = x. \tag{1.78}$$

Nun subtrahieren wir 1 und ersetzen die linke Seite durch die binomische Formel

$$(x-1)\cdot(x+1) = x-1. \tag{1.79}$$

Nun dividieren wir beide Seiten durch x−1

$$\frac{(x+1)\cdot(x-1)}{(x-1)} = \frac{x-1}{x-1} \tag{1.80}$$

und kürzen, dann erhalten wir

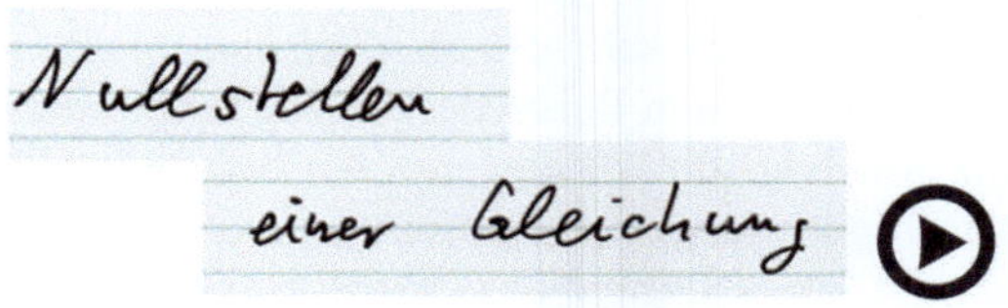

◘ **Abb. 1.11**    Lernvideo: Nullstellen einer Gleichung. (▶ https://doi.org/10.1007/000-gz7)

$$x + 1 = 1. \tag{1.81}$$

x war aber nach Voraussetzung 1, also gilt 2 = 1.

Der Fehler war die Division mit (x − 1), das ist nach Voraussetzung eine Division durch Null, und damit nicht erlaubt.

Die erlaubten Werte einer unbekannten Variablen in einer Gleichung nennt man Definitionsmenge, die Werte, die die Gleichung wahr machen, gehören zur Lösungsmenge (◘ Abb. 1.11).

Wir suchen die Definitionsmenge und die Lösungsmenge der folgenden Gleichung

$$\frac{(a-b)x}{x+a} + \frac{(a+b)x}{x-a} = \frac{(b-a)x^2 + 2a^2 x}{x^2 - a^2}. \tag{1.82}$$

Die übliche Vorgehensweise ist:

Die Definitionsmenge D besteht aus allen reellen Zahlen, für die die Nenner nicht Null werden. Die Nenner lassen sich mit einer binomischen Formel umformen zu

$$(x+a) \cdot (x-a) = x^2 - a^2, \tag{1.83}$$

also gilt

$$D = \mathbb{R} \setminus \{a, -a\}. \tag{1.84}$$

Der Hauptnenner ist die dritte binomische Formel, dieser Term darf nicht Null sein.

Wir erhalten also nach Erweiterung der Brüche auf der linken Seite

$$\frac{(a-b)x(x-a)}{(x+a)(x-a)} + \frac{(a+b)x(x+a)}{(x-a)(x+a)} = \frac{\left((b-a)x^2 + 2a^2 x\right)}{x^2 - a^2} \tag{1.85}$$

bzw. nach Multiplikation mit dem Hauptnenner die Gleichung

$$(a-b)x(x-a) + (a+b)x(x+a) = (b-a)x^2 + 2a^2 x. \tag{1.86}$$

Wir lösen die Klammern auf und klammern x aus. Dies führt zu

$$x(2ax + 2ab) = x(bx - ax + 2a^2). \tag{1.87}$$

Wir dürfen nicht durch x dividieren, denn x=0 könnte eine mögliche Lösung sein. Stattdessen müssen wir alles auf eine Seite bringen

$$x\left(3ax - bx + 2ab - 2a^2\right) = 0. \tag{1.88}$$

Das Produkt zweier Ausdrücke ist Null, wenn mindestens einer der beiden Terme Null ist. Also ist x = 0 eine Lösung. Den Klammerausdruck setzen wir gleich Null, um die andere Lösung zu erhalten.

Dies liefert nach Umformungen

$$x\left(3a - b\right) = 2a\left(a - b\right). \tag{1.89}$$

Wir müssen eine Fallunterscheidung machen: für

$$\left(3a - b\right) \neq 0 \tag{1.90}$$

dürfen wir durch diese Klammer dividieren und erhalten als zweite Lösung

$$x = \frac{2a\left(a - b\right)}{3a - b}. \tag{1.91}$$

Für den anderen Fall

$$3a - b = 0 \tag{1.92}$$

ist die Gleichung nicht lösbar. Also gilt für die gesamte Lösungsmenge:

$$L = \begin{cases} 0 & : 3a - b = 0 \\ 0, \dfrac{2a\left(a - b\right)}{3a - b} & : \left(3a - b\right) \neq 0 \end{cases}. \tag{1.93}$$

Nicht jede Gleichung ist lösbar. Falls man durch Äquivalenzumformungen zu einer falschen Aussage kommt, ist die ursprüngliche Gleichung nicht lösbar. Formal heißt das, die Lösungsmenge ist leer. Das folgende Beispiel zeigt diesen Fall.

$$3x\left(x + 5\right) + 11 = x\left(3x + 5\right) + 10\left(x + 1\right) \tag{1.94}$$

Wir führen Äquivalenzumformungen durch

$$\begin{aligned} 3x\left(x + 5\right) + 11 &= x\left(3x + 5\right) + 10\left(x + 1\right) \\ \Leftrightarrow 3x^2 + 15x + 11 &= 3x^2 + 5x + 10x + 10 \\ \Leftrightarrow 3x^2 + 15x + 11 &= 3x^2 + 15x + 10 \\ \Leftrightarrow 11 &= 10 \end{aligned} \tag{1.95}$$

und erhalten damit einen Widerspruch. Die Lösungsmenge ist also leer.

Der andere Extremfall liegt vor, wenn man durch erlaubte Umformungen zu einer wahren Aussage gelangt, die unabhängig von der Variablen x immer wahr ist. Diese Aussage ist dann also für alle x eine wahre Aussage.

Die Gleichung

$$2x\left(x+1+\frac{1}{x}\right) = 2\left(x^2+x\right)+2 \tag{1.96}$$

lässt sich umformen zu

$$\begin{aligned}
2x\left(x+1+\frac{1}{x}\right) &= 2\left(x^2+x\right)+2 \\
\Leftrightarrow 2x^2+2x+2 &= 2x^2+2x+2. \\
\Leftrightarrow 0 &= 0
\end{aligned} \tag{1.97}$$

Damit erhalten wir eine Aussage, die immer wahr ist.

Eine Einschränkung für die Definitionsmenge, also für die erlaubten x, muss allerdings gemacht werden, die man der Lösungsmenge nicht ansieht.

Es darf nicht durch Null dividiert werden, also ist der Fall x = 0 nicht erlaubt, diese Einschränkung lässt sich aber direkt nur aus der Ausgangsgleichung ablesen.

Für quadratische Gleichungen gibt es Umformungen, die man aus der Schule als p-q Formel kennt.

Diese Gleichungen haben entweder die Formulierung

$$ax^2+bx+c = 0 \tag{1.98}$$

oder die Form ohne den Koeffizienten vor der höchsten Potenz

$$x^2+px+q = 0. \tag{1.99}$$

Die Gleichung in der p-q Formulierung lässt sich durch quadratische Ergänzungen in eine Form bringen, die eine binomische Formel enthält

$$\left(\left(x+\frac{p}{2}\right)^2\right) = \frac{p^2}{4}-q. \tag{1.100}$$

Dann kann man auf beiden Seiten die Wurzel ziehen (unter der Voraussetzung, dass die rechte Seite nicht Null ist), und man erhält nach Umformungen die bekannten Lösungen.

$$x_1 = -\frac{p}{2} + \sqrt{\left(\frac{p^2}{4} - q\right)}$$
$$x_2 = -\frac{p}{2} - \sqrt{\left(\frac{p^2}{4} - q\right)}$$

$(1.101)$

Eine quadratische Gleichung hat also

- zwei reelle Lösungen, wenn der Ausdruck in der Wurzel positiv ist,
- eine reelle Lösung, wenn der Wurzelausdruck Null ist,
- keine reelle Lösung, wenn der Wurzelausdruck negativ ist.

Liegt die quadratische Gleichung in p-q Form vor, kann man die Lösungen manchmal durch den Satz von Vieta direkt ablesen:

$$x^2 + px + q = \left(x - x_1\right)\cdot\left(x - x_2\right).$$

$(1.102)$

Gleichungen höherer Ordnung (höher als zwei), also z. B. kubische Gleichungen sind nicht direkt lösbar, häufig muss man eine Lösung erraten, und kann dann die Gleichung auf eine niedrigere Ordnung zurückführen.

Dies ist aber Gegenstand von Vorlesungen an der Hochschule.

Ungleichungen entstehen, wenn zwischen den Termen $T_1$ und $T_2$ folgende Beziehungen gelten

$$T_1 < T_2 \quad oder \quad T_1 > T_2.$$

$(1.103)$

Der allgemeinste Fall bezieht auch die Gleichheit dieser Terme ein, wir behandeln im Folgenden nur die Fälle mit den Operatoren „kleiner" bzw. „größer".

Es gelten folgende Regeln, die aus den Gesetzen der Addition und Multiplikation ableitbar sind.

---

**Definition**

Für reelle Zahlen a, b, c und p gilt:

Falls a > b,

$$\Rightarrow a + c > b + c$$
$$\Rightarrow p\cdot a > p\cdot b \quad p > 0$$
$$\Rightarrow p\cdot a < p\cdot b \quad p < 0$$
$$\Rightarrow \frac{1}{a} < \frac{1}{b} \quad \text{falls } a\cdot b > 0$$
$$\Rightarrow \frac{1}{a} > \frac{1}{b} \quad \text{falls } a\cdot b < 0$$

$(1.104)$

---

Ungleichungen nennt man auch Ordnungsrelationen. Auf beiden Seiten dieser Relationen dürfen beliebige Zahlen addiert und subtrahiert werden, ohne dass sich die Ordnungsrelation ändert.

**1**

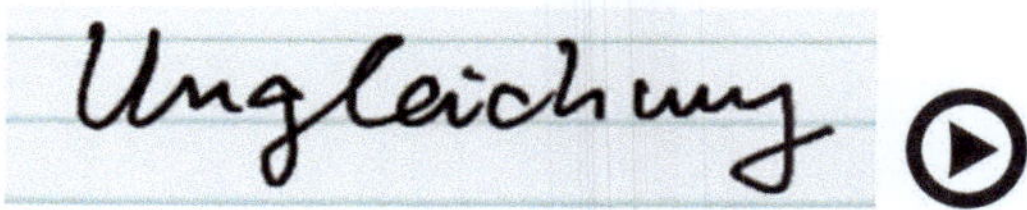



**Abb. 1.12**    Lernvideo: Ungleichung. (▶ https://doi.org/10.1007/000-gz8)

Aber folgende Umformungen kehren die Ordnungsrelation um.
- Multiplikation beider Seiten mit einem negativen Term.
- Division beider Seiten mit einem negativen Term.
- Kehrwertbildung beider Seiten bei gleichem Vorzeichen beider Seiten.

Ungleichungen können nicht nur zwischen Termen von Zahlen, sondern auch zwischen Termen, die Variable enthalten, bestehen. Die Bestimmung der Lösungsmenge wird dann Auflösen der Ungleichung genannt ( Abb. 1.12).

Eine lineare Ungleichung mit einer Veränderlichen hat die Formulierung

$$a{\cdot}x < b. \tag{1.105}$$

Die Lösung ist dann

$$x < \frac{b}{a} \quad \text{für } a > 0. \tag{1.106}$$

$$x > \frac{b}{a} \quad \text{für } a < 0. \tag{1.107}$$

Um Ungleichungen mit Variablen, die im Nenner stehen, aufzulösen, müssen Fallunterscheidungen getroffen werden. Dies zeigt das Beispiel

$$\frac{x+1}{x-2} < 3. \tag{1.108}$$

Wir müssen mit dem Nenner multiplizieren, um die Lösungsmenge zu ermitteln. Dabei müssen wir unterscheiden, ob der Nenner positiv oder negativ ist. Der Fall Null darf natürlich gar nicht eintreten.
1. Fall $x-2 > 0$, also $x > 2$. Dann folgt

$$x+1 < 3x-6. \tag{1.109}$$

Wir erhalten als Lösung

$$x > \frac{7}{2}. \tag{1.110}$$

Da x größer als 3,5 ist, wird die Fallannahme automatisch erfüllt, also gilt für die Lösungsmenge des 1. Falles

$$L_1 = \left\{ x \in \mathbb{R} \mid x > \frac{7}{2} \right\}. \tag{1.111}$$

2. Fall $x-2 < 0$, also $x < 2$. Dann kehrt sich die Ordnungsrelation um, da mit dem negativen Nenner multipliziert wird, also gilt

$$x+1 > 3x-6 \tag{1.112}$$

Nach x auflösen ergibt dann

$$x < \frac{7}{2}. \tag{1.113}$$

Diese Lösung gilt aber unter der Annahme $x < 2$, also ist die Lösungsmenge für den zweiten Fall

$$L_2 = \left\{ x \in \mathbb{R} \mid x < 2 \right\}. \tag{1.114}$$

Die gesamte Lösungsmenge ist die Vereinigung beider einzelnen Lösungsmengen.

$$L = L_1 \cup L_2 = \left\{ x \in \mathbb{R} \mid x > \frac{7}{2} \vee x < 2 \right\}. \tag{1.115}$$

Bei quadratischen Ungleichungen ist die Auflösung etwas aufwändiger. Wir behandeln das Beispiel

$$x^2 + 5x - 1 < 5 \tag{1.116}$$

Wenn wir alles auf eine Seite bringen, bedeutet die Auflösung das Bestimmen der Nullstellen einer quadratischen Gleichung.

Für Subtraktion und Addition beliebiger Zahlen ist keine Fallunterscheidung nötig, also gilt

$$x^2 + 5x - 6 < 0. \tag{1.117}$$

Zur Bestimmung der Nullstellen wenden wir die p-q Formel an, und schreiben die Ungleichung in Linearfaktoren um. Die Lösung der quadratischen **Gleichung**

$$x^2 + 5x - 6 = 0 \tag{1.118}$$

wäre $x = 1$ und $x = -6$.

Also lässt sich die **Ungleichung** darstellen als

$$(x-1) \cdot (x+6) < 0. \tag{1.119}$$

Das Produkt von zwei Termen ist negativ, wenn einer der beiden Terme negativ und der andere positiv ist, dies führt zu zwei Fällen
1. Fall:

$$x - 1 < 0 \text{ und } x + 6 > 0 \tag{1.120}$$

2. Fall:

$$x - 1 > 0 \text{ und } x + 6 < 0 \tag{1.121}$$

Der zweite Fall ist nicht möglich, da x nicht gleichzeitig größer $-1$ und kleiner $-6$ sein kann. Auf der Zahlengeraden gibt es keine Überlappung (also Durchschnitt) beim zweiten Fall.

Der erste Fall liefert

$$x < 1 \text{ und } x > 6, \tag{1.122}$$

also lautet die Lösungsmenge

$$L = \left\{ x \in \mathbb{R} \mid -6 < x < 1 \right\}. \tag{1.123}$$

Fallunterscheidungen sind also zwingend nötig bei Ungleichungen mit gebrochen rationalen Funktionen (z. B. Terme mit x im Nenner). Und häufig gibt es auch mehrere Fälle bei Ungleichungen mit Produkten von Termen.

Betragsgleichungen enthalten Terme mit Beträgen von Variablen.

Der Betrag einer Zahl ist der positive Abstand von Null auf der Zahlengeraden, oder in Formeln ausgedrückt

$$|x| = \begin{cases} x & \forall x > 0 \\ -x & \forall x < 0 \end{cases} \tag{1.124}$$

Der Betrag eines Terms ist also immer größer oder gleich Null.
Es gelten die Regeln

$$\begin{aligned} |x| &= |-x^n| \geq 0 \\ |x| &= 0 \Leftrightarrow x = 0 \\ |x^n| &= |x^n| \\ |x \cdot y| &= |x| \cdot |y| \quad \cdot \\ \left| \frac{x}{y} \right| &= \frac{|x|}{|y|} \quad \forall y \neq 0 \\ |x + y| &< |x| + |y| \end{aligned} \tag{1.125}$$

Die letzte Betragsbeziehung wird Dreiecksungleichung genannt, da man x und y als Seiten eines Dreiecks deuten kann, dann wäre die Summe die dritte Seite des Dreiecks.

Bei Betragsgleichungen sind auch häufig Fallunterscheidungen nötig. Wir suchen die Lösungsmenge der folgenden Betragsgleichung.

Beispiel

$$|x-2| = 3x - 4 \tag{1.126}$$

1. Fall:

$$x - 2 > 0 \tag{1.127}$$

Dann können die Betragsstriche entfallen, es gilt

$$|x-2| = x - 2. \tag{1.128}$$

Nach Umformungen der Ausgangsgleichung lautet die Lösung

$$x = 1. \tag{1.129}$$

Diese Lösung steht aber im Widerspruch zur Fallannahme x > 2.

Also gibt es für den ersten Fall keine Lösung.

2. Fall:

$$x - 2 < 0 \tag{1.130}$$

Dann gilt für den Betrag dieses Terms

$$|x-2| = -(x-2). \tag{1.131}$$

Also lautet die Ausgangsgleichung

$$-(x-2) = 3x - 4. \tag{1.132}$$

Nach Umformungen erhalten wir als Lösung

$$x = \frac{3}{2}. \tag{1.133}$$

Diese Lösung erfüllt die Fallannahme, also lautet die gesamte Lösungsmenge der Betragsgleichung

$$L = \left\{ \frac{3}{2} \right\}. \tag{1.134}$$

Betragsungleichungen sind Ungleichungen mit Betragstermen, eine Fallunterscheidung ist häufig nötig.

Wir betrachten gleich ein Beispiel, da die Vorgehensweise bei Ungleichungen und bei Betragsgleichungen bereits bekannt ist.

Wir suchen die Lösungsmenge von

$$|x+5| - x - 9 < 0. \tag{1.135}$$

1. Fall:

$$x + 5 > 0 \tag{1.136}$$

Dann können die Betragsstriche entfallen, und es gilt

$$x + 5 - x - 9 < 0 \text{ also umgeformt} -4 < 0. \tag{1.137}$$

Dies ist für alle x eine wahre Aussage. Die Lösungsmenge für den ersten Fall folgt also allein aus der Fallannahme.

$$L_1 = \left\{ x \geq -5 \right\} \tag{1.138}$$

2. Fall:

$$x + 5 < 0 \text{ also gilt } |x+5| = -(x+5) \tag{1.139}$$

Die Ungleichung lautet nun

$$-x - 5 - x - 9 < 0 \tag{1.140}$$

und nach Umformung gilt

$$x > -7. \tag{1.141}$$

Die Lösungsmenge vom zweiten Fall ist also der Durchschnitt der Fallannahmen und der Umformungen. Also gilt

$$L_2 = \left\{ x \in \mathbb{R} \mid -7 < x < -5 \right\}. \tag{1.142}$$

Die gesamte Lösungsmenge ist die Vereinigung des ersten und zweiten Falles.

$$L = L_1 \cup L_2 = \left\{ x \in \mathbb{R} \mid x > -7 \right\}. \tag{1.143}$$

Es kann hilfreich sein, sich diese Ermittlung der Lösungsmenge, also der Vereinigung der einzelnen Lösungsmengen und der Durchschnittsbildung für die jeweilige Fälle an einer Zahlengeraden zu veranschaulichen.
Dies zeigen wir am Beispiel (◻ Abb. 1.13)

$$|x-2| + |x-6| < 8. \tag{1.144}$$

1. Fall:

$$x - 2 < 0 \text{ also gilt } x < 2 \tag{1.145}$$

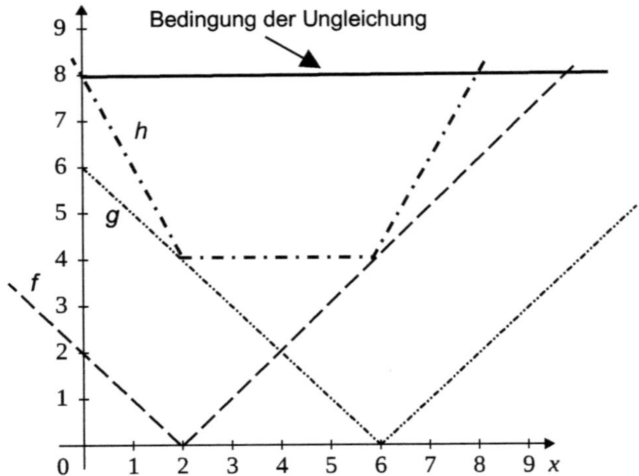



■ **Abb. 1.13**   **Funktionsverläufe:** $f(x) = |x - 2|$ $g(x) = |x - 6|$ $h(x) = |x - 2| + |x - 6|$

Der zweite Term führt zur Definition von „Unterfällen".

    1.a:

$$|x - 6| < 0 \tag{1.146}$$

Der Durchschnitt der beiden Fälle ist x < 2.

    1.b:

$$|x - 6| > 0 \tag{1.147}$$

Dies liefert x > 6. Der Durchschnitt von x < 2 und x > 6 ist leer, da nicht beides erfüllbar ist.

2. Fall:

$$|x - 2| > 0 \text{ also gilt } x > 2 \tag{1.148}$$

Die Unterfälle lauten

    2.a:

$$|x - 6| < 0 \text{ also gilt } x < 6 \tag{1.149}$$

Der Durchschnitt der beiden Fälle ist

$$2 < x < 6. \tag{1.150}$$

2.b:

$$|x - 6| > 0 \text{ also gilt } x > 6 \tag{1.151}$$

Dies liefert $x > 6$. Der Durchschnitt von $x > 2$ und $x > 6$ ist $x > 6$.

Die möglichen Fälle sind an der Zahlengeraden veranschaulicht.

Für alle Fälle mit nicht leerem Durchschnitt müssen dann die Lösungen aus der Ausgangsgleichung ermittelt werden. Der Durchschnitt dieser Lösungen mit den Fallergebnissen liefert dann die Gesamtlösung.

Diese Behandlung von Ungleichungen und Betragsungleichungen war relativ ausführlich. Aber die Art und Weise, Fallunterscheidungen einzuführen, um systematisch die gesamte Lösungsmenge zu ermitteln, kommt in der Mathematik häufiger vor.

### ■ In aller Kürze

- Erlaubte Umformungen in der Mathematik sind Äquivalenzumformungen.
- Wir verstehen das Umformen von Termen und Gleichungen und beherrschen die drei binomischen Formeln.
- Wir kennen die prinzipielle Vorgehensweise beim Lösen von Gleichungen, Ungleichungen und Betragsgleichungen.

### ■ Ausblick

Die Zahlenmengen sind das Fundament der Mathematik. Diese sind also das Material, auf welches die Regeln angewandt werden. Die natürlichen Zahlen sind der erste Berührungspunkt mit der Mathematik, und die Schule konzentriert sich im Wesentlichen auf die rationalen Zahlen. An der Hochschule werden diese Zahlenmengen erweitert um die reellen Zahlen und die komplexen Zahlen. Erst mit diesen beiden Zahlenmengen ist die Mathematik anwendbar auf viele Probleme in den Naturwissenschaften und Technik.

Die Rechentechniken in diesem einführenden Kapitel sind diejenigen basierend auf dem Stoff der Mittelstufe. Diese sollten Sie mit großer Sicherheit beherrschen, denn diese werden in den Vorlesungen natürlich bei Studienbeginn vorausgesetzt. Die Anwendung dieser Techniken sollte eine Routine für alle Studienanfänger sein, damit man nicht schon beim Beginn der Vorlesungen an der Hochschule Stoff nachholen muss, um die Übungen zur Vorlesung zu meistern. Wenn Sie alle Aufgaben in diesem Kapitel sicher beherschen, haben Sie den gesamten Stoff der Mittelstufe wieder aufgefrischt.

Bereits im ersten Semester werden Sie feststellen, dass an der Hochschule die Mathematik auf einer festen wissenschaftlichen Basis unterichtet wird. Dazu sollten man folgende Begriffe sauber voneinander trennen und verinnerlichen.

Axiome sind die Basis der Mathematik und können als Spielregeln betrachtet werden. Die Inhalte der Axiome sind Grundwahrheiten, die nicht bewiesen werden müssen, sondern als wahr anerkannt werden. Diese Axiome müssen natürlich widerspruchsfrei und voneinander unabhängig sein.

Definitionen beschreiben Eigenschaften von mathematischen Objekten. Auch Definitionen müssen widerspruchsfrei sein, und auch realisierbar sein, d. h. die Eigenschaft muss es auch in der Welt der Mathematik geben.

Sätze beschreiben auch Eigenschaften von mathematischen Objekten, aber die Inhalte von Sätzen müssen (mit Methoden der Logik) bewiesen werden. Häufig werden Beweise auf Basis bereits vorher bewiesener Sätze geführt. Dadurch entsteht ein umfangreiches Gebäude von Eigenschaften mathematischer Objekte.

Erfahrungsgemäß gibt es beim Studienbeginn Schwierigkeiten, diese Beweise zu finden, bzw. auch den Beweis des Dozenten nachzuvollziehen. Bei Studiengängen mit Mathematik im Nebenfach wird aber oft der Schwerpunkt die Anwendung der Mathematik und nicht die rigorose Beweisführung sein.

Die Anwendung von Themen aus der Oberstufe wird daher auch der Schwerpunkt der folgenden Kapitel sein.

### ■ Verständnisfragen und Aufgaben

1.1

Die drei Mengen A, B und C (■ Abb. 1.14) haben die folgenden Eigenschaften.

Die Mengen A und B haben einen Durchschnitt, der nicht leer ist. Diese beiden Mengen haben auch mit der Menge C einen nichtverschwindenden Durchschnitt.

Zeigen Sie die Richtigkeit der folgenden drei Gleichungen:

$$\begin{aligned} a)\,&C\backslash(B\backslash A)=(A\cap C)\cup(C\backslash B)\\ b)\,&C\backslash(A\cup B)=(C\backslash A)\cap(C\backslash B).\\ c)\,&C\backslash(A\cap A)=(C\backslash A)\cup(C\backslash B) \end{aligned} \tag{1.152}$$

Hinweis. Gehen Sie so vor, dass Sie jeweils die linke und rechte Seite je Aufgabe grafisch skizzieren und so die Übereinstimmung von linker und rechter Seite zeigen.

1.2

Vereinfachen Sie:

$$a)\quad \frac{\dfrac{a+1}{a-1}-1}{1+\dfrac{a+1}{a-1}}$$

$$b)\quad \frac{6-10x}{4x+\dfrac{15}{5+\dfrac{30x}{2x-6}}}. \tag{1.153}$$

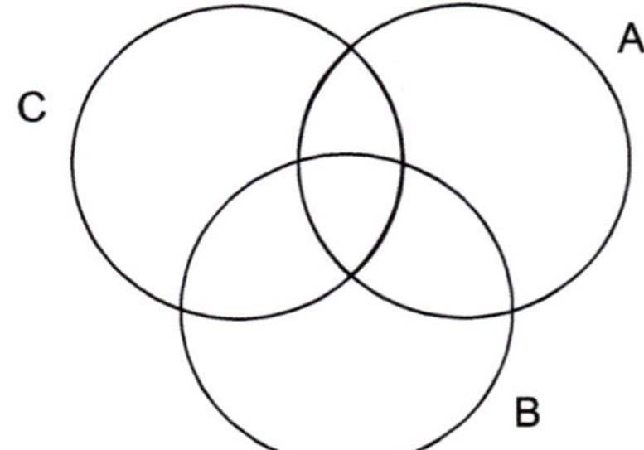


■ **Abb. 1.14**   Mengen mit gemeinsamen Elementen

**1**

1.3

Fassen Sie zusammen und kürzen soweit möglich:

$$a) \quad \frac{2}{3x^2} - \frac{4}{2x^4} + \frac{5}{6x}$$

$$b) \quad \frac{a+1}{a^2-a} - \frac{a-1}{a^2+a} + \frac{1}{a} - \frac{4}{a^2-1} \cdot \tag{1.154}$$

1.4

Berechnen Sie ohne Verwendung des Taschenrechners:

$$a) \ln\left(e \cdot \sqrt[3]{e}\right)$$

$$b) \log_2\left(\frac{1}{8}\right) \cdot \tag{1.155}$$

$$c) \log_{\frac{1}{2}} x = -3$$

1.5

Beweisen Sie direkt. Direkt heißt, dass Sie ausgehend von der Vorausetzung Gleichungen aufstellen, so das die letzte umgeformte Gleichung die Behauptung beweist.

Behauptung: die Summe dreier aufeinander folgender natürlicher Zahlen ist immer durch 3 ohne Rest teilbar.

1.6

Vereinfachen Sie mit Hilfe der binomischen Formel bei Teilaufgabe a), ersetzen Sie durch einzelne Binome bei Teilaufgabe b), c).

$$a) (a+b)^2 - \left(a^2+b^2\right)$$

$$b) \ 64x^2 + 80x + 25 \tag{1.156}$$

$$c) \ 121 - x^2$$

1.7

Für welche x gelten die Betragsgleichungen?

$$a) \left|(x-3)\right| = 10 \tag{1.157}$$

$$b) \left|(x+4)\right| = -2$$

1.8

Für welche x gelten die Ungleichungen? Machen Sie Fallunterscheidungen, falls nötig. Skizzieren Sie auf der Zahlengeraden.

$$a)\ x^2 - 5x + 6 \geq 0$$

$$b)\ \frac{3}{2x-4} \leq 2$$

(1.158)

## Literatur

Fritzsche K (2015) Mathematik für Einsteiger. Kap. 1 bis 3, 5. Aufl. Springer, Berlin/Heidelberg

Ruhrländer M (2019) Brückenkurs Mathematik. Kap. 1 bis 2, 2. Aufl. Pearson Deutschland Verlag, Hallbergmoos

# Analysis

Die Entwicklung der Analysis erfolgte wesentlich später als die der Geometrie. Kern der Analysis ist die Differenzial- und Integralrechnung, die häufig unter dem Begriff Infinitesimalrechnung zusammengefasst werden. Leibniz und Newton entwickelten die Analysis zu Beginn der Neuzeit in etwa gleichen Zeiträumen unabhängig voneinander. Dies führte auch zu Streitigkeiten zwischen beiden in Bezug auf die Urheberschaft der Analysis.

Die Anlysis nimmt in der Schulmathematik zu Recht einen großen Raum ein, denn nur mit den Methoden der Differenzial- und Integralrechnung lassen sich die Naturgesetze vermitteln.

Der Schulunterricht zur Analysis liefert häufig eine detaillierte Beschreibung von Funktionen und deren Ableitungen und mündet in eine sogenannte Kurvendiskussion. Bei der Integralrechnung ist das Kernthema das Auffinden von Stammfunktionen.

An der Hochschule werden Begriffe wie Stetigkeit und Grenzwert systematisch und wissenschaftlich erläutert, und das Funktionskonzept wird auf mehrere Veränderliche ausgebaut.

Hier beschränken wir uns in ▶ Kap. 3 und 4 auf reellwertige Funktionen einer Veränderlichen.

## Inhaltsverzeichnis

# Elementare Funktionen einer Veränderlichen

## Inhaltsverzeichnis



**Ergänzende Information** Die elektronische Version dieses Kapitels enthält Zusatzmaterial, auf das über folgenden Link zugegriffen werden kann [https://doi.org/10.1007/978-3-658-48666-2_2]. Die Videos lassen sich durch Anklicken des DOI-Links in der Legende einer entsprechenden Abbildung abspielen, oder indem Sie diesen Link mit der SN More Media App scannen.

Der Funktionsbegriff ist das zentrale Element in der Analysis. Während die Zahlenmengen das grundlegende „Werkzeug" der Mathematik sind, beschreiben Funktionen Abhängigkeiten zwischen den Zahlen. Eine Funktion stellt einen eindeutigen Zusammenhang (Funktionsvorschrift) zwischen den unabhängigen Variablen (oft mit x in der Schule bezeichnet) und abhängigen Variablen (oft y oder f(x) in der Schule) her.

Bevor wir zu Funktionen und deren Eigenschaften kommen, ist es nützlich, Abbildungen und Folgen zu definieren, da dies die Basis für den Funktionsbegriff bildet. Die in der Schule üblichen Funktionen sind Funktionen einer einzigen Veränderlichen (Variable), die reelle Zahlen wieder auf reelle Zahlen abbilden.

**Lernziele**

— Was ist eine Funktion einer Veränderlichen?
— Was bedeutet Stetigkeit?
— Eigenschaften wie Symmetrie, Umkehrbarkeit, Definitions- und Wertebereiche ausgewählter Funktionen.

### ■ Abbildungen

Eine Abbildung ist umgangssprachlich eine Zuordnung von Objekten zwischen zwei verschiedenen Mengen A und B. Dabei wird jedem Element aus A ein Element aus B zugeordnet. Die Elemente können Zahlen oder andere Objekte sein.

Abb. 2.1 verdeutlicht dies mit den drei Objekten a, b und c, denen die Objekte x, y und z zugeordnet werden. Die Vorschrift, wie das geschieht, ist hier zunächst nicht von Interesse.

Allgemein gilt die folgende Definition.

**Definition**

Die Mengen A und B sind nicht leer und enthalten jeweils mehrere Objekte.
Eine Abbildung $f : A \rightarrow B$ ist eine Vorschrift, die jedem Element a von A **eindeutig und genau** ein Element b von B zuweist.

Man sagt auch, b ist das Bild von a. Dann ist a das Urbild von b.
Die Menge A ist der Definitionsbereich, die Menge B der Wertebereich.

Wichtig ist hier, dass die Zuweisung von a nach b **eindeutig** ist. Es ist also nicht zulässig, dass einem Element von A mehrere Elemente von B zugeordnet werden. Die Situation in Abb. 2.1 ist also keine Abbildung, da dem Element c sowohl x als auch y zugeordnet werden.

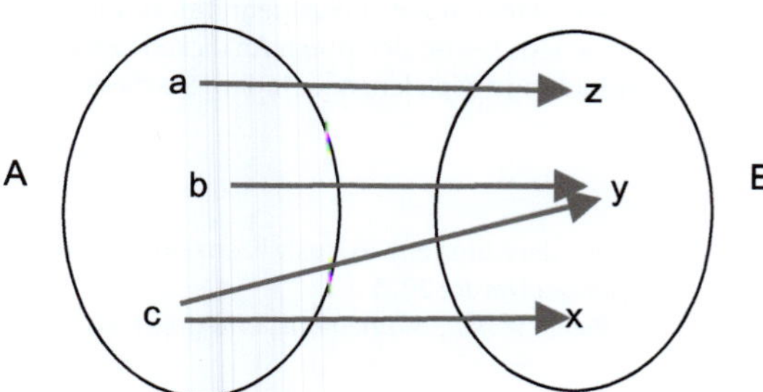


**■ Abb. 2.1** Zuordnung zwischen den Mengen A und B. Dies ist keine Abbildung, da c mit x und y verknüpft ist

Man unterscheidet zwischen folgenden Abbildungen.

---

**Definition**

Eine Abbildung

$$f : A \to B \tag{2.1}$$

ist **injektiv**, falls zu jedem

$$y \in B \text{ \textbf{höchstens} ein } x \in A \text{ existiert.} \tag{2.2}$$

Dann gilt

$$f(x) = y. \tag{2.3}$$

ist **surjektiv**, falls zu jedem

$$y \in B \text{ \textbf{mindestens} ein } x \in A \text{ mit } f(x) = y \text{ existiert.} \tag{2.4}$$

ist **bijektiv**, falls zu jedem

$$y \in B \text{ \textbf{genau ein} und \textbf{nur ein} } x \in A \text{ gehört.} \tag{2.5}$$

Aus der Eigenschaft f ist injektiv und surjektiv folgt f ist bijektiv.

---

■ Abb. 2.2 veranschaulicht alle drei Fälle und ■ Abb. 2.3 enthält eien Lernvideo dazu.

**■ Abb. 2.2** Eine injektive, surjektive und bijektive Abbildung von A nach B. (Von oben nach unten)

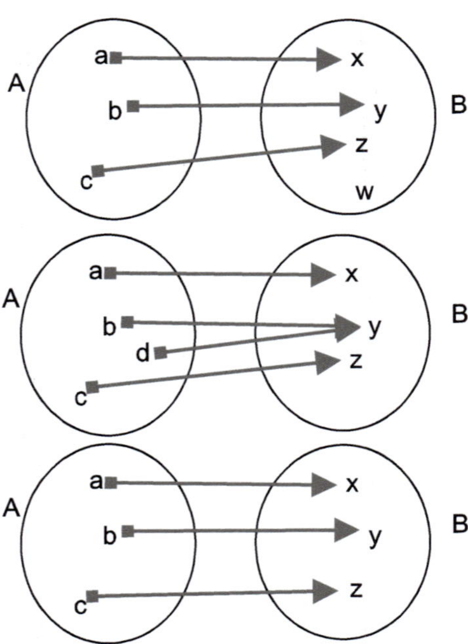

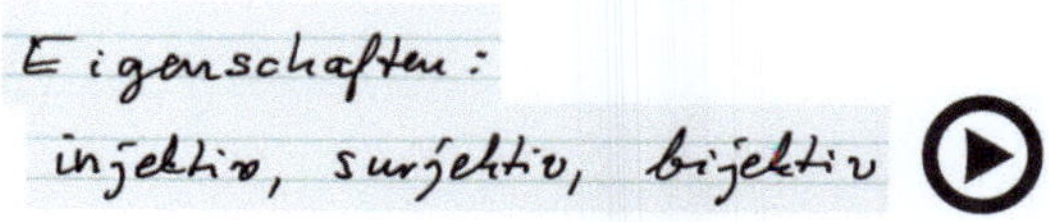

**◘ Abb. 2.3**    Lernvideo: Eigenschaften Funktionen. (► https://doi.org/10.1007/000-gzb)

$$1, \frac{1}{2}, \frac{1}{3}, \frac{1}{4}, \frac{1}{5}, \frac{1}{6}, \frac{1}{7}, \dots$$

$$1, 2, 3, 4, 5, 6, 7, 8, 9, \dots$$

**◘ Abb. 2.4**    Beispiele für Zahlenfolgen, die untere ist die Folge der natürlichen Zahlen

Bisher haben sich die Beispiele bei Abbildungen auf simple Mengen konzentriert, die nur wenige Elemente enthalten. Einer Vielzahl von Objekten aus der Definitionsmenge können jedoch auch viele Bilder aus der Wertemenge zugeordnet werden. Dies führt direkt zum Begriff der Folge.

### ■ Folgen

Eine Folge ist auch eine Abbildung von (häufig) sehr vielen Objekten, deren Bilder – durch ein Komma getrennt – zeilenartig dargestellt werden (◘ Abb. 2.4).

Unendliche Folgen (z. B. die der natürlichen Zahlen) werden häufig durch 3 Pünktchen am Ende ausgedrückt.

Folgen müssen nicht aus Zahlen bestehen, aber wir beschränken uns im Folgenden auf Zahlenfolgen, die unendlich viele Elemente enthalten.

---

**Definition**

Eine Folge reeller Zahlen ist eine Abbildung

$$a : \mathbb{N}_0 \to \mathbb{R} \text{ mit der Vorschrift } n \to a_n. \tag{2.6}$$

Die Vorschrift $n \to a_n$ bedeutet, dass aus jeder natürlichen Zahl (erweitert um die Null) das Bild $a_n$ erzeugt wird. Jedes einzelne $a_n$ heißt auch Folgenglied. Man kann Folgen darstellen über eine Angabe von Bildern, die durch Komma getrennt werden (siehe den Fall der natürlichen Zahlen), oder durch die Angabe der Abbildungsvorschrift, wie im folgenden Beispiel.

Bezieht man sich auf die ganze Folge, so schreibt man das Bild in runden Klammern und gibt die Definitionsmenge als Indexmenge an.

$$\left( a_n \right)_{n \in \mathbb{N}_0} \tag{2.7}$$

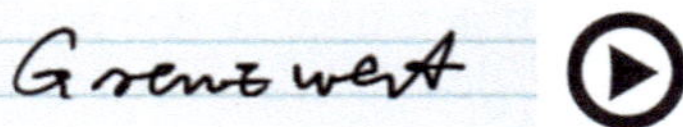


◘ **Abb. 2.5**   Lernvideo: Grenzwert. (▶ https://doi.org/10.1007/000-gza)

Die einfachste Vorschrift ist die der natürlichen Zahlen, die beiden anderen sind sicher auch aus der Schulzeit bekannt.

$$a_n = n \text{ also gilt } a_0 = 0; a_1 = 1; a_2 = 2; \ldots \tag{2.8}$$

$$a_n = \frac{1}{n+1} \text{ also gilt } a_0 = 1; a_1 = \frac{1}{2}; a_2 = \frac{1}{3}; a_3 = \frac{1}{4}; \ldots \tag{2.9}$$

$$a_n = 2 \cdot n \text{ also gilt } a_0 = 0; a_1 = 2; a_2 = 4; \ldots \tag{2.10}$$

Mit unendlicher Folge ist gemeint, dass die Folge (wie z. B. die der natürlichen Zahlen) nie abbricht. Dann interessiert die Eigenschaft der Glieder bei sehr hohen Werten von n, bzw. im Grenzübergang n = ∞.

Das ist anschaulich nicht mehr fassbar, aber mathematisch. Damit entsteht der Begriff des Grenzwertes (◘ Abb. 2.5).

---

**Definition**

Sei $a_n$ eine Folge reeller Zahlen. Dann heißt eine Zahl

$$a \in \mathbb{R} \text{ Grenzwert (oder limes),} \tag{2.11}$$

falls zu jedem

$$\varepsilon > 0 \text{ eine Zahl } n \in \mathbb{N} \text{ existiert, sodass folgendes gilt} \tag{2.12}$$

$$\left| (a_n - a) \right| < \varepsilon. \tag{2.13}$$

In diesem Fall schreiben wir für den Grenzwert auch

$$\lim_{n \to \infty} a_n = a. \tag{2.14}$$

Gebräuchlich sind auch die Schreibweisen

$$a_n \to a \quad (n \to \infty). \tag{2.15}$$

Falls ein Grenzwert existiert, sagt man, die Folge konvergiert auf einen Grenzwert a. Die Folge ist dann eine konvergente Folge. Falls dieser Wert a nicht existiert, divergiert die Folge.

---

Divergente Folgen müssen dabei nicht bei hohen Werten von n über alle Maßen wachsen. Auch einfache Vorschriften führen zu divergenten Folgen. Die Folge

$$a_n = (-1)^n \tag{2.16}$$

ist ein Beispiel für eine divergente Folge, da die Folgenglieder immer zwischen $+1$ und $-1$ alternieren.

Um den Grenzwert zu ermitteln, sind unter Umständen geschickte Umformungen nötig, wie das untere Beispiel in der folgenden Serie zeigt.

$$\lim_{n\to\infty} \frac{1}{n} = 0 \qquad \lim_{n\to\infty}\left(\frac{1}{n^2} + 2\right) = 2 \tag{2.17}$$

$$\lim_{n\to\infty} \frac{2n^2 + 2}{3n^2 + n} = \lim_{n\to\infty} \frac{n^2}{n^2} \cdot \frac{2 + \dfrac{2}{n^2}}{3 + \dfrac{1}{n}} = \frac{2}{3} \tag{2.18}$$

Eine Folge mit Grenzwert Null heißt Nullfolge.

Eine Folge, deren Glieder für hohe n gegen $+$ oder $-\infty$ laufen, heißt divergente Folge mit dem Grenzwert $+-\infty$. Man schreibt

$$\lim_{n\to\infty} a_n = \infty \quad \text{bzw} \quad \lim_{n\to\infty} a_n = -\infty. \tag{2.19}$$

### ■ Reelle Funktionen

Bei den oben betrachteten Folgen gibt es eine Zuordnung zwischen natürlichen Zahlen (die Definitionsmenge) und einem Term aus dem Wertebereich, mit Hilfe der Zuordnungsvorschrift.

Dieser Zusammenhang wird für Funktionen auf den Bereich der reellen Zahlen erweitert und verallgemeinert (■ Abb. 2.6).

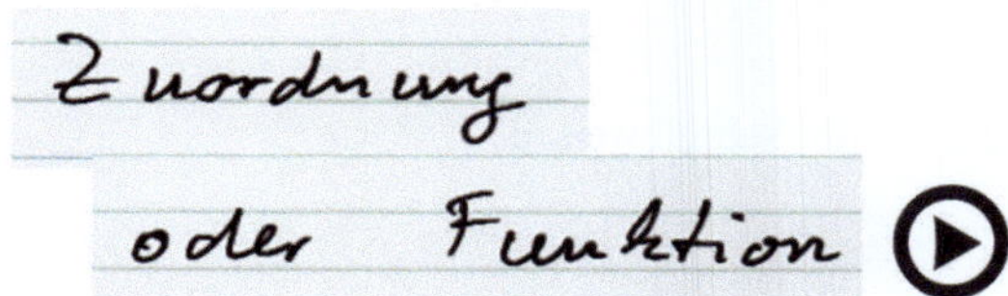


■ **Abb. 2.6**  Lernvideo: Zuordnung oder Funktion? (▶ https://doi.org/10.1007/000-gz9)

> **Definition**
>
> Seien D und W Teilmengen von R. Unter einer reellen Funktion f versteht man eine Vorschrift, die jedem Element x aus D **genau ein** Element y = f(x) aus W zuordnet.
>
> $$f : D \to W \tag{2.20}$$
>
> Eine Funktion ist eine Abbildung, daher gilt das oben gesagte für Abbildungen auch für Funktionen.

Die Zahl x ist die unabhängige Variable oder das Argument der Funktion f, die Zahl y ist der Funktionswert, also die abhängige Variable.

Die Mengen D bzw. W sind die Definitionsmenge, bzw. der Wertebereich der Funktion f. Diese beiden Mengen können auch Teilmengen der reellen Zahlen sein. Man bezeichnet auch f(D) als den Bildbereich von f.

$$f(D) = \{f(x) \in W | x \in D\} \tag{2.21}$$

Der Graf bzw. die Kurve f ist die Veranschaulichung der Funktion in einem Koordinatensystem. Der Graf ist nicht die Funktion f selbst, auch wenn dies in der Schule häufig so dargestellt wird.

Wir betrachten als Beispiel eines beschränkten Definitionsbereiches die folgende Funktion

$$\begin{aligned} f : [-2, +2] &\to \mathbb{R} \\ f(x) &= x^2 \end{aligned} \tag{2.22}$$

Die Vorschrift bedeutet, dass jedes Argument quadriert wird. Der Definitionsbereich ist eine Teilmenge der reellen Zahlen.

Den Ausdruck f(3) kann man mit der obigen Vorschrift also nicht bilden.

Der Bildbereich, also die Wertemenge W ist wegen der Vorschrift auch beschränkt. Für den Bildbereich gilt also

$$f(D) = \{x^2 | x \in [-2, +2]\} = [0, 4]. \tag{2.23}$$

Die Kurve in (◨ Abb. 2.7) verdeutlicht den Verlauf.

Die Funktion ist surjektiv, aber nicht injektiv, da zu jedem Wert des Wertebereichs genau 2 Werte des Definitionsbereichs existieren, z. B. gehören zu y = 4 die x Werte +2 und −2.

### ▪ Eigenschaften stetiger Funktionen

Um den Begriff des Grenzwertes, den wir bereits für Folgen kennen, auf den Begriff der Funktion zu erweitern, ist es hilfreich, den Grenzwert für Funktionen zu untersuchen. Dies führt auf den Begriff der Stetigkeit. Wir betrachten die Funktion

$$f(x) = x^2 + 1 \tag{2.24}$$

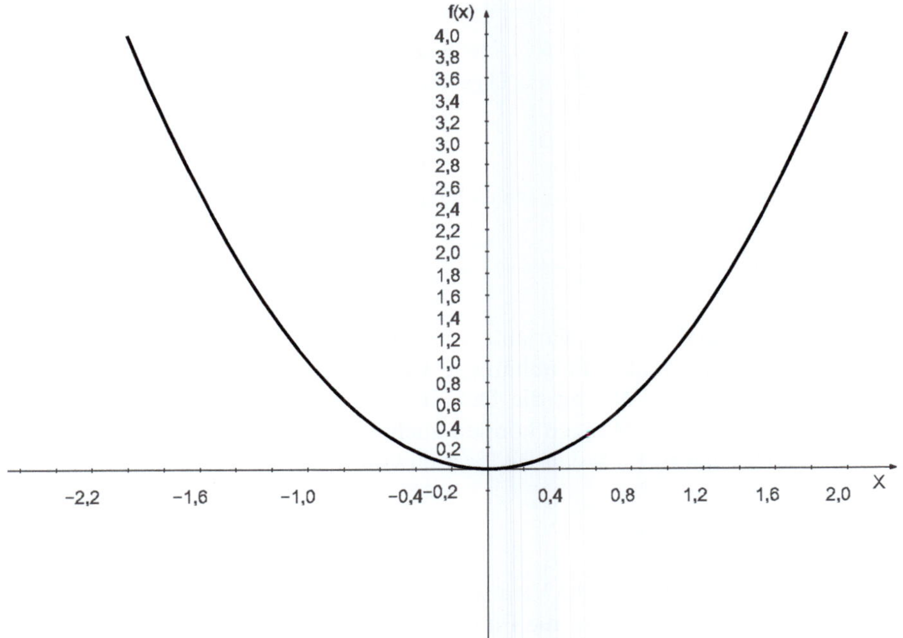



**◼ Abb. 2.7**    Die Parabelfunktion $f(x) = x^2$

und wollen das Verhalten der Funktion nahe des x-Wertes zwei untersuchen.

Als Vergleich dazu wählen wir eine einfache Folge, deren Grenzwert ebenfalls zwei ist. Dies ist zum Beispiel die Folge

$$x_n = 2 + \frac{1}{n}. \tag{2.25}$$

Da wir schon wissen, dass 1/n eine Nullfolge ist, besitzt die Folge $x_n$ den Grenzwert zwei. Je mehr sich die Folge dem Wert zwei nähert (also für steigende n), umso näher (für steigende x) liegt der Funktionswert f(x) bei 5. Diese Eigenschaft, gegen den Grenzwert zwei zu konvergieren, gibt es auch für andere Folgen, der Wert n muss nur hoch genug sein. Dies führt zu folgender Definition

---

**Definition**

Gilt für jede Folge $x_n$, die gegen eine reelle Zahl $x_0$ konvergiert, stets

$$\lim_{n\to\infty} f(x_n) = g, \tag{2.26}$$

so heißt die reelle Zahl g der Grenzwert von f(x) an der Stelle $x_0$, und man schreibt

$$\lim_{x\to x_0} f(x) = g. \tag{2.27}$$

Dann nennt man die reelle Zahl g den Grenzwert von f(x) an der Stelle $x_0$.

---

Der Grenzübergang x gegen $x_0$ bedeutet (wie bei Folgen), dass x der Stelle $x_0$ beliebig nahe kommt, ihn aber nicht erreicht. Dies lässt die Situation zu, dass die Funktion nicht an der Stelle des Grenzwertes definiert sein muss. Ein einfaches Beispiel (■ Abb. 2.8) dazu ist die Funktion

$$f(x) = \frac{1}{x}. \tag{2.28}$$

Diese ist bei x = 0 nicht definiert, aber der Grenzwert für x gegen unendlich ist die Nullstelle.

Bei gebrochen rationalen Funktionen kann es vorkommen, dass die Funktion an einer anderen Stelle als x = 0 nicht definiert ist, dort aber einen Grenzwert besitzt. Wir betrachten als Beispiel die Funktion

$$f(x) = \frac{x^2 - 3x}{x - 3}. \tag{2.29}$$

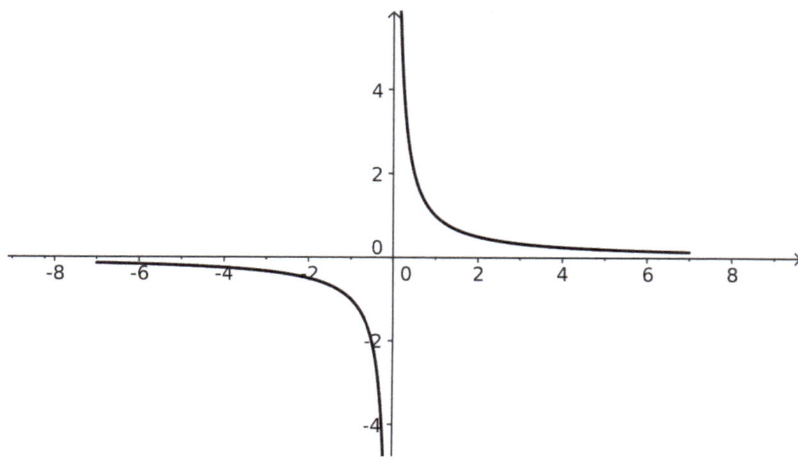

■ **Abb. 2.8** Das Verhalten der Funktion $f(x) = \frac{1}{x}$ bei x = 0

Wir können für x ungleich 3 die Funktion umformen und vereinfachen.

$$f(x_n) = \frac{x_n^2 - 3x_n}{x_n - 3} = x_n \cdot \frac{x_n - 3}{x_n - 3} = x_n \quad \text{also} \quad \lim_{x_n \to 3} f(x_n) = x_n \to 3 (n \to \infty). \qquad (2.30)$$

Dann sieht man, dass der Grenzwert an der Stelle x = 3 existiert und drei ist.

Der Fall, das Grenzwerte existieren, und die Funktion dort definiert ist, führt zum Begriff der Stetigkeit.

---

**Definition**

Eine in $x_0$ definierte Funktion f heißt stetig in $x_0$, wenn

$$\lim_{x \to x_0} f(x) = f(x_0) \qquad (2.31)$$

ist. Falls diese Gleichung nicht gilt, also

$$\lim_{x \to x_0} f(x) \neq f(x_0) \quad \text{oder} \quad f(x_0) \text{ existiert nicht,} \qquad (2.32)$$

heißt die Funktion f unstetig an der Stelle $x_0$.

Stetigkeit bedeutet also, dass die Funktion immer am Grenzwert definiert ist.

Falls für alle $x_0$ im Definitionsbereich Stetigkeit vorliegt, nennt man f eine stetige Funktion.

---

Die Funktion f aus dem obigen Beispiel hatte bei x = 3 eine Definitionslücke, da der Nenner nicht Null werden darf. Der Grenzwert existiert aber. Man kann f zu einer stetigen Funktion machen, indem man an der Stelle x = 3 eine Erweiterung der Funktionsvorschrift macht. Man ersetzt f durch die neue Funktion

$$f_{erw}(x) = \begin{cases} f(x) : x \neq 3 \\ 3 : x = 3 \end{cases}. \qquad (2.33)$$

Damit ist $f_{erw}$ überall stetig. Man nennt diese Konstruktion auch stetige Erweiterung. Diese Behandlung von besonderen Stellen mag neu sein, da es in der Schulmathematik sehr oft nur um stetige (also im gewissen Sinne glatte) Funktionen geht.

Zu weiteren wichtigen Eigenschaften von Funktionen gehören auch Nullstellen, Symmetrien und Monotonieverhalten.

Den Begriff der Nullstelle hatten wir schon bei den quadratischen Funktionen diskutiert. Man kann im Prinzip jede Gleichung so umformen, dass auf der einen Seite eine Null steht. Das Auflösen dieser Gleichung nach der unabhängigen Variablen heißt dann, die Nullstelle der Funktion zu finden. Es gilt die einfache Definition

> **Definition**
>
> Die Stelle $x_0$ mit
>
> $$x_0 \in D \tag{2.34}$$
>
> heißt Nullstelle von f, wenn gilt
>
> $$f(x_0) = 0. \tag{2.35}$$

Das Auffinden der Nullstelle ist (je nach Funktionsverlauf) aufwändiger, als es in der Schulmathematik erscheint. Unter Umständen ist die Gleichung nicht analytisch lösbar, dann müssen Näherungsverfahren angewandt werden. Dies ist das große Gebiet der numerischen Mathematik, das in der Schule jedoch keine große Rolle spielt. Mit der Verfügbarkeit großer Computer ist die numerische Mathematik aber ein großes Betätigungsfeld in der beruflichen Praxis.

Die Symmetrieeigenschaften von Funktionen beschreibt die folgende Definition

> **Definition**
>
> Eine Funktion f heißt gerade, wenn Folgendes gilt
>
> $$f(x) = f(-x) \quad \forall x \in D. \tag{2.36}$$
>
> Eine Funktion f heißt ungerade, wenn Folgendes gilt
>
> $$f(x) = -f(-x) \quad \forall x \in D. \tag{2.37}$$

Die Funktion $f(x) = x^2$ und $f(x) = x^3$ sind übliche Beispiele aus der Schule zur Beschreibung von Symmetrieeigenschaften. ◘ Abb. 2.9 enthält ein weiteres Beispiel.

Es gibt natürlich Funktionen, die keine dieser beiden Eigenschaften besitzen.

Der Begriff der Monotonie ist wichtig im Zusammenhang mit der Suche nach Umkehrfunktionen. Es gilt die folgende Definition

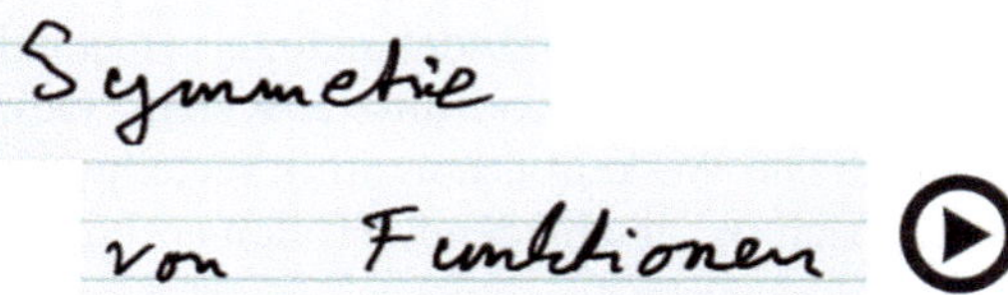

◘ **Abb. 2.9**  Lernvideo: Symmetrie von Funktionen. (► https://doi.org/10.1007/000-gzc)

> **Definition**
>
> Eine Funktion f mit der Eigenschaft
>
> $$f(x_1) \leq f(x_2) \quad \forall x_1, x_2 \in D \text{ und } x_1 < x_2 \tag{2.38}$$
>
> heißt monoton wachsend. Sie heißt streng monoton wachsend, wenn Gleichheit nicht eintritt.
> Eine Funktion f mit der Eigenschaft
>
> $$f(x_1) \geq f(x_2) \quad \forall x_1, x_2 \in D \text{ und } x_1 < x_2 \tag{2.39}$$
>
> heißt monoton fallend. Sie heißt streng monoton fallend, wenn Gleichheit nicht eintritt.

Wir betrachten einfache Beispiele.
Die Funktion

$$f(x) = x^2 \tag{2.40}$$

ist für x < 0 streng monoton fallend, aber für x > 0 ist sie streng monoton wachsend.

Die konstante Funktion f = 10 ist für alle x sowohl monoton wachsend als auch monoton fallend, aber nirgends ist sie streng monoton.

### ■ In aller Kürze

- Grenzwertbildung von Funktionen.
- Bedeutung der Stetigkeit von Funktionen für die Grenzwertbildung.
- Verhalten von Funktionen in der Nähe von Definitionslücken.

### ■ Ausblick

Funktionen, die nur von einer unabhängigen Variablen abhängen, sind quasi eindimensional. Für einen und nur einen $x_1$-Wert der unabhängigen Variablen gibt es per Abbildungsvorschrift genau einen Funktionswert.

Das Funktionskonzept wird in der Analysis Vorlesung auf mehrere Variable erweitert. Dies ist auch nötig, um Vorgänge in der Realität mathematisch beschreiben zu können. Der dreidimensionale Anschauungsraum ist ein für jeden geläufiges Beispiel, dass Abhängigkeiten von drei Dimensionen allgegenwärtig sind. Denken Sie an ein Flugzeug im Startvorgang. Es befindet sich zu verschiedenen Zeiten an verschiedenen Positionen in einem x-y-z-Koordinatensystem. Oder denken Sie an die tägliche Wettervorhersage. Die Wolkenbildung und Verteilung von Hoch- und Tiefdruckgebieten entwickelt sich in verschiedenen Höhen entlang verschiedener Längs- und Breitengraden.

Bei Funktionen mit mehreren Variablen gibt es nach wie vor einen Wertebereich mit genau einem Funktionswert, aber der Definitionsbereich ist umfangreicher geworden.

$$(x_1, x_2, ..., x_n) \in \mathbb{R}^n \quad \xrightarrow{\;f\;} \quad f(x_1, x_2, .., x_n)$$

D    W

◨ **Abb. 2.10** Die Funktion f mit mehreren Variablen. D = Definitionsbereich; W= Wertebereich

◨ Abb. 2.10 zeigt dies schematisch.

Die Abbildung wird aber jetzt nicht mehr von den reellen Zahlen auf die reellen Zahlen durchgeführt, sondern die n Argumente, von denen die Funktion abhängt, werden zusammengefasst.

$$f : \mathbb{R} \to \mathbb{R} \quad f : x_1 \to f(x_1)$$

$$f : \mathbb{R}^n \to \mathbb{R} \quad f : (x_1, x_2, ..., x_n) \to f(x_1, x_2, ..., x_n) \tag{2.41}$$

Die zusammengefassten n Argumente werden auch als n-Tupel bezeichnet. Diese Tupel sind Elemente des $\mathbb{R}^n$. Das die Zahl n größer (sogar sehr viel größer) als drei sein kann, sollte Sie nicht verwirren. Unser Anschauungsraum ist dreidimensional, aber die Mathematik ist nicht auf anschauliche Themen beschränkt.

Eine weitere Verallgemeinerung ist dann die Abbildung eines mehrdimensionalen Definitionsbereiches auf einen mehrdimensionalen Wertebereich.

$$f : \mathbb{R}^n \to \mathbb{R}^m \tag{2.42}$$

Dies ist auch möglich, diese Erweiterung wird aber in höheren Semestern untersucht.

Mit der Verallgemeinerung von Funktionen muss auch das Konzept der Stetigkeit erweitert werden. Stetigkeit bedeutet ja, dass sich die Funktionswerte nur wenig ändern, wenn sich die unabhängige Variable wenig ändert. Dies ist sicherlich auch der Fall bei der folgenden Funktion, die von zwei Variablen abhängt

$$f : \mathbb{R}^2 \to \mathbb{R} \quad f(x_1, x_2) = \sin(x_1 + x_2) \tag{2.43}$$

Aber bei mehreren Variablen kann es komplizierter werden, wenn sich nur einzelne Variable ändern, wie im folgenden Beispiel.

$$f : \mathbb{R}^3 \to \mathbb{R} \quad f(x_1, x_2, x_3) = \begin{cases} 1 \text{ für } x_1 \cdot x_2 \cdot x_3 > 0 \\ 0 \text{ sonst} \end{cases} \tag{2.44}$$

Bei dieser Funktion kann es bei kleinen Änderungen um den Wert Null zu Sprüngen kommen. Aber jetzt kommt es darauf an, aus welcher Richtung ($x_1$ oder $x_2$ oder $x_3$) man sich dem zu untersuchenden Wert nähert.

◨ Abb. 2.11 zeigt schematisch, das alle Möglichkeiten der Annäherung an einen Punkt untersucht werden müssen, um die Stetigkeit der Funktion in diesem Punkt umfassend zu klären.

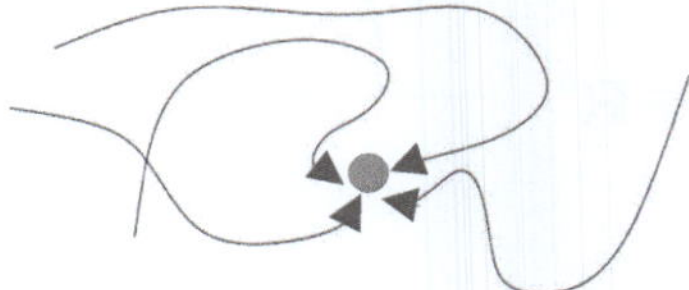

**◘ Abb. 2.11**    Einige Beispielpfade, wie man sich in einer Ebene einem Punkt nähern kann. Alle Wege müssen untersucht werden, um die Stetigkeit einer Funktion zu bestimmen

In den Vorlesungen zur Analysis wird daher die Definition der Stetigkeit entsprechend erweitert.

■ **Verständnisfragen und Aufgaben**

2.1

Die Menge $A_4$ hat vier Elemente, die Menge $B_3$ drei Elemente, die Menge $B_4$ vier Elemente und die Menge $B_5$ hat fünf Elemente.

Konstruieren Sie konkrete Beispiele, um zu überlegen, ob es Abbildungen

$$f_{43} : A_4 \to B_3$$
$$f_{44} : A_4 \to B_4 \tag{2.45}$$
$$f_{45} : A_4 \to B_5$$

geben kann mit den folgenden Eigenschaften.

Die Abbildung $f_{43}$, $f_{44}$ bzw. $f_{45}$ ist
a)  injektiv, aber nicht surjektiv,
b)  surjektiv, aber nicht injektiv,
c)  bijektiv.

Hinweis: Stellen Sie Ihre Beispielabbildungen grafisch dar und vergleichen dieses Bild mit den Definitionen für Injektivität, Surjektivität und Bijektivität.

2.2

Welchen Wert muss der Parameter c annehmen, damit die beiden folgenden Funktionen (Teilaufgabe a und b) stetig sind?

$$c \in \mathbb{R} \quad f : D \to \mathbb{R}$$

$$a)\, D = \left[-1, +1\right], \quad f(x) = \begin{cases} \dfrac{x^2 + 2x - 3}{x^2 + x - 2} : & x \neq 1 \\ c : & x = 1 \end{cases}$$

$$\tag{2.46}$$

$$b)\, D = \left[0, +1\right], \quad f(x) = \begin{cases} \dfrac{x^3 - 2x^2 - 5x + 6}{x^3 - x} : & x \neq 1 \\ c : & x = 1 \end{cases}$$

**2.3**

Berechnen Sie die Umkehrfunktion der Funktion f.

$$f : \mathbb{R} \to \mathbb{R}, \quad f(x) = \begin{cases} x^2 - 2x + 2 : & x \geq 1 \\ 4x - 2x^2 - 1 : & x < 1 \end{cases} \tag{2.47}$$

**2.4**

Für welche Werte von x ist die Funktion f stetig?

$$f(x) = \frac{1}{\sqrt{x \ln x}} + \frac{x^2}{2-x} \tag{2.48}$$

**2.5**

Untersuchen Sie die Stetigkeit der Funktion f und überlegen sich, ob im Falle einer Unstetigkeit diese behebbar ist. Mit Behebbarkeit ist gemeint, dass an dieser kritischen Stelle eine zusätzliche Definition erfolgt, oder dass die Funktion f so umgeformt werden kann, dass sie an dieser Stelle nicht mehr unstetig ist.

$$f(x) = \frac{x}{|(x)|} = \begin{cases} 1 : & x > 0 \\ -1 : & x < 0 \end{cases} \tag{2.49}$$

**2.6**

Besitzen die folgenden Funktionen eine Umkehrfunktion? Falls ja, bestimmen Sie diese.

$$a)\, f : \mathbb{R} \setminus \{0\} \to \mathbb{R} \setminus \{0\} \quad f(x) = \frac{1}{x^3} \tag{2.50}$$

$$b)\, f : \mathbb{R} \setminus \{-1\} \to \mathbb{R} \setminus \{1\} \quad f(x) = \frac{x^2 - 1}{x^2 + 2x + 1}$$

**2.7**

Bestimmen Sie den größtmöglichen Definitions- und Wertebereich innerhalb der reellen Zahlen für die folgenden Funktionen.

$$a)\, f(x) = \frac{x + \dfrac{1}{x}}{x}$$

$$b)\, f(x) = \frac{1}{x^4 - 2x^2 + 1} \tag{2.51}$$

$$c)\, f(x) = \sqrt{\left(x^2 - 2x - 1\right)}$$

2.8

Untersuchen Sie, ob die folgenden Funktionen gerade oder ungerade sind.

$$f(x) = x^4 + 3x^2 + 2$$
$$f(x) = 2x^5 + 3x^7 \tag{2.52}$$

2.9

Untersuchen Sie die folgende Funktion auf Periodizität.

$$f(x) = \sin(2x) + 3 \cdot \sin(x) \tag{2.53}$$

## Literatur

Klinger M (2015) Vorkurs Mathematik für Nebenfachstudierende. Kap. 3.1. bis 3.3, 1. Aufl. Springer Spektrum Verlag, Wiesbaden

Ruhrländer M (2019) Brückenkurs Mathematik. Kap. 4, 2. Aufl. Pearson Deutschland Verlag, Hallbergmoos

# Einige wichtige Funktionen der Analysis

## Inhaltsverzeichnis



**Ergänzende Information** Die elektronische Version dieses Kapitels enthält Zusatzmaterial, auf das über folgenden Link zugegriffen werden kann [https://doi.org/10.1007/978-3-658-48666-2_3]. Die Videos lassen sich durch Anklicken des DOI-Links in der Legende einer entsprechenden Abbildung abspielen, oder indem Sie diesen Link mit der SN More Media App scannen.

Der sichere Umgang mit einfachen, reellwertigen Funktionen, denen man häufig in der Mathematik begegnet, ist die Basis, um komplexere Funktionen mehrerer Veränderlicher zu verstehen. Wir beschränken uns hier auf Funktionen, bei denen **eine** unabhängige reelle Variable auf **eine** abhängige Variable abgebildet wird.

Der Umgang mit wichtigen Funktionen, wie Polynome, Exponentialfunktionen, trigonometrischen Funktionen, Logarithmen wird in diesem Kapitel geübt.

Polynome sind algebraische Funktionen, die Potenzen der unabhängigen Variablen x enthalten. In der Schule sind dies meist nur Potenzen vom Grad 1 oder 2. Mit Polynomen lassen sich durch geeignete Wahl der Koeffizienten und Grad des Polynoms Abhängigkeiten (z. B. Messwerte) zwischen x und f (x) approximieren.

Bei Exponentialfunktionen taucht die Variable x im Exponenten einer reellen Zahl (hier sehr oft die eulersche Zahl) auf. Exponentialfunktionen bilden die Grundlage zur Beschreibung von Wachstumsvorgängen.

Und trigonometrische Funktionen sind die Grundlage für alle periodischen Funktionen, und elementar für die Beschreibung von Schwingungs- und Welleneffekten.

### Lernziele

- Polynome als Erweiterung von linearen Funktionen.
- Die Exponentialfunktion, das Werkzeug für alle Zerfalls- und Wachstumsprozeße.
- Die trigonometrischen Funktionen, die Basis für alle periodischen Funktionen.

### ■ Polynome

Quadratische Polynome – also Potenzen von x bis zum Grad zwei – hatten wir bereits bei der Diskussion der quadratischen Gleichung und Herleitung der p-q- Formel kennengelernt.

Wir erweitern diese Funktion mit der folgenden Definition.

### Definition

Der Definitions- und Wertebereich einer Funktion f sei der gesamte Bereich der reellen Zahlen.

Diese Funktion f mit der Abbildung

$$f : \mathbb{R} \to \mathbb{R} \tag{3.1}$$

und der Form

$$f(x) = a_n x^n + a_{n-1} x^{n-1} + a_{n-2} x^{n-2} + \ldots + a_0 \text{ mit } a_n \neq 0 \tag{3.2}$$

heißt Polynom vom Grad n. Die reellen Zahlen $a_0$, $a_1$, $a_2$, … heißen Koeffizienten des Polynoms. Ein Polynom ist also eine Summe von Potenzen verschiedenen Grades mit Koeffizienten, die unterschiedlich sein können. Üblicherweise schreibt man die höchsten Potenzen von links nach rechts.

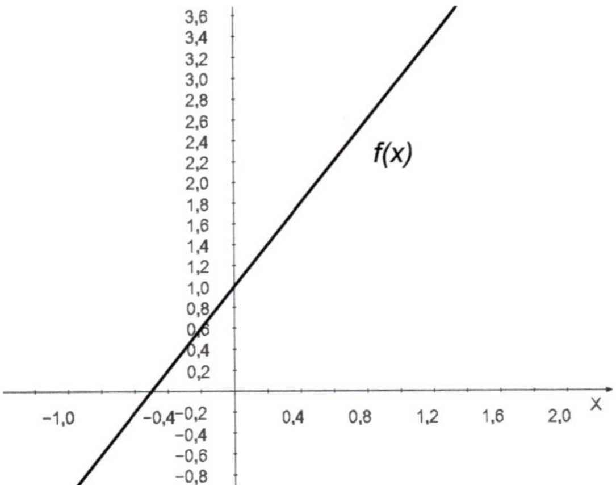


**Abb. 3.1** Die lineare Funktion $f(x) = 2x + 1$

Ein besonders einfaches Polynom, das aus der Schulzeit bekannt ist, ist das lineare Polynom ersten Grades (■ Abb. 3.1) der Form

$$y = f(x) = ax + b \quad \text{mit } a \neq 0. \tag{3.3}$$

Dies ist eine lineare Funktion, mit der konstanten Steigung a. Falls a Null ist, handelt es sich um eine konstante Funktion der Form

$$f = b = const, \tag{3.4}$$

welches formal auch ein Polynom nullten Grades ist.

Interessanter sind Polynome der nächsthöheren Ordnung als zwei, die kubische Funktionen genannt werden.

$$f(x) = a_3 x^3 + a_2 x^2 + a_1 x + a_0 \tag{3.5}$$

Eine kubische Funktion hat (da die führende Potenz ungerade ist) immer mindestens eine Nullstelle.

Für die Nullstellen kubischer Funktionen gibt es folgende Fälle (■ Abb. 3.2).
Eine einfache Nullstelle bei der Funktion f(x)

$$f(x) = x^3 + 6x^2 + 8x + 15 \tag{3.6}$$

eine dreifache Nullstelle bei g(x)

$$g(x) = -x^3 + 6x^2 - 3x - 10 \tag{3.7}$$

eine Funktion, bei der alle drei Nullstellen zusammenfallen, h(x)

$$h(x) = x^3 - 27x^2 + 243x - 729 \tag{3.8}$$

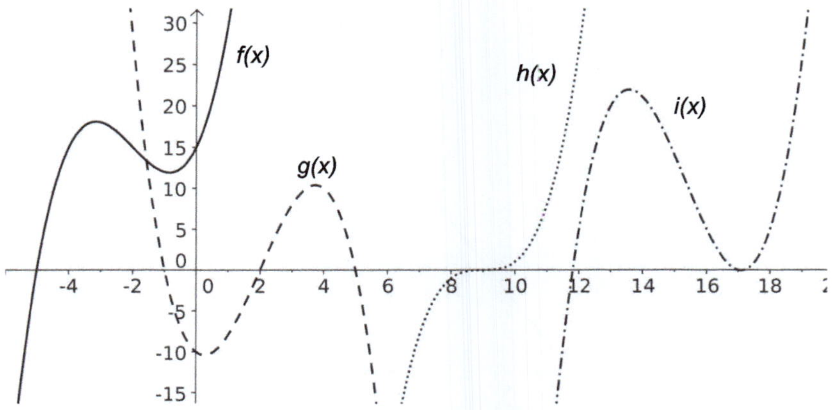


**◘ Abb. 3.2**   Verlauf kubischer Funktionen

ein einfache und eine doppelte Nullstelle, i(x)

$$i(x) = x^3 - 46x^2 + 696x - 3468. \tag{3.9}$$

Um die Nullstellen zu ermitteln, bietet sich das bereits bekannte Konzept der Zerlegung in Linearfaktoren an.

Für kubische Funktionen gibt es zwar exakte Lösungsformeln zur Ermittlung von Nullstellen, diese sind jedoch kein Thema in der Schulmathematik. Wir wollen daher hier den Fall untersuchen, dass eine von drei Nullstellen erraten werden kann.

Als Beispiel behandeln wir das kubische Polynom

$$x^3 - 6x^2 + 11x - 6 = 0 \tag{3.10}$$

und erraten, dass $x_1 = 1$ eine Nullstelle ist.

Dann kann das Polynom in ein quadratisches Polynom und einen Linearfaktor zerlegt werden. Es gilt also immer

$$x^3 - 6x^2 + 11x - 6 = \left(dx^2 + ex + f\right) \cdot \left(x - x_1\right) \tag{3.11}$$

mit unbekannten Koeffizienten d, e und f.

Mit Hilfe der Polynomdivision (◘ Abb. 3.3) lassen sich diese Unbekannten bestimmen. Wir dividieren das kubische Polynom (mit den bekannten Koeffizienten) durch den Linearfaktor, und ermitteln den Rest wie beim schriftlichen Dividieren durch Zahlen in der Schule.

$$\left(x^3 - 6x^2 + 11x - 6\right) \div \left(x - x_1\right) = x^2$$
$$\underbrace{-\left(x^3 - x^2\right)}_{-5x^2} \tag{3.12}$$

$$Polynomdivision \ \blacktriangleright$$

**▣ Abb. 3.3**    Lernvideo: Polynomdivision. (▶ https://doi.org/10.1007/000-gzh)

Von links nach rechts wird zunächst durch den höchsten Term im Dividenden (der Ausdruck im Zähler) geteilt und dies führt auf die zweite Potenz von x. Der gesamte Dividend wird mit diesem Ergebnis multipliziert, um den Restterm zu ermitteln.

Nach diesem Schritt verschwindet natürlich die höchste Potenz auf der linken Seite und die nächste Potenz (korrigiert um den Restterm) geht nun in die Division nach gleichem Muster ein.

$$\left(-5x^2 + 11x - 6\right) \div \left(x - x_1\right) = x^2 - 5x$$
$$\underbrace{-\left(-5x^2 + 5x\right)}_{6x} \tag{3.13}$$

Dies liefert den Term $-5x$ beim Dividieren, der nun auf die rechte Seite geschrieben wird. Das Ergebnis (also $-5x$) wird mit dem gesamten Divisor multipliziert und liefert den nächsten Restterm.

$$\left(6x - 6\right) \div \left(x - x_1\right) = x^2 - 5x + 6$$
$$\underbrace{-\left(6x - 6\right)}_{0} \tag{3.14}$$

Als Endergebnis dieser Operationen erhalten wir die Linearfaktorzerlegung des kubischen Polynoms.

Die gesamte Linearfaktorzerlegung ist damit

$$\left(x^3 - 6x^2 + 11x - 6\right) = \left(x - x_1\right)\left(x^2 - 5x + 6\right) \tag{3.15}$$

Der Ausdruck mit der quadratischen Funktion auf der rechten Seite wird mit der p-q Formel behandelt.

$$x_{2,3} = \frac{5}{2} \pm \frac{1}{2} \tag{3.16}$$

Damit haben wir damit die drei separaten Nullstellen des kubischen Polynoms ermittelt.

Will man den Wert des Polynoms an beliebigen Stellen ermitteln, bietet sich das sogenannte Horner Schema an, welches in Vorlesungen behandelt wird.

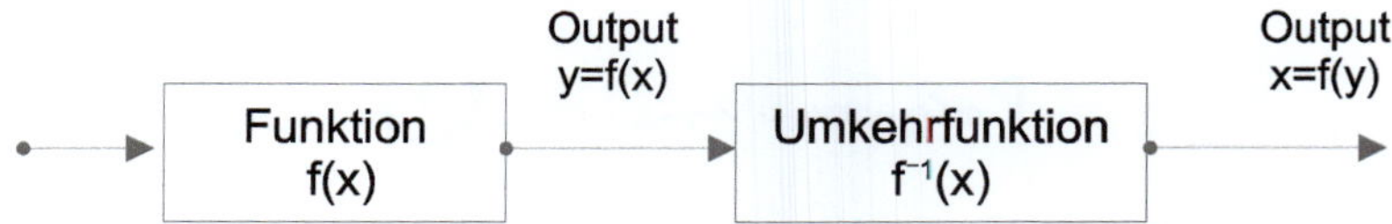


■ **Abb. 3.4**   Input und Output bei Funktion und Umkehrfunktion

### ■ Umkehrfunktionen

Am Beispiel von Polynomen wollen wir die Berechnung von Umkehrfunktionen üben.

Mit der Umkehrfunktion möchte man (anschaulich ausgedrückt) das, was die Funktion f mit der unabhängigen Variablen x gemacht hat, wieder rückgängig machen.

Dies bedeutet, dass die Funktion zunächst auf die Variable x angewandt wird und eine andere Funktion auf das Ergebnis f(x). ■ Abb. 3.4 veranschaulicht dies.

Am Ende muss bei dieser Verkettung von Funktionen wieder die unabhängige Variable als Ergebnis herauskommen, dann wurde die Umkehrfunktion korrekt gebildet.

Rechentechnisch wird in der Schule häufig der Zusammenhang zwischen Funktion und Umkehrfunktion geschrieben als

$$y = f(x) \Leftrightarrow x = f^{-1}(y). \tag{3.17}$$

Die Funktion f wird also nach x aufgelöst, sodass alle anderen Terme auf der rechten Seite stehen. Dann wird y mit x vertauscht. Geometrisch wird dies in einem x-y Koordinatensystem als Spiegelung an der Winkelhalbierenden gedeutet.

Wir betrachten ein einfaches Beispiel, bevor wir die Eigenschaften der Umkehrfunktion formal definieren.

$$f(x) = x^2 \tag{3.18}$$

Wir suchen also eine Funktion, die das Quadrieren rückgängig macht, damit wieder die Variable x herauskommt. Dies ist das Wurzelziehen, die Umkehrfunktion ist also intuitiv klar. Rechentechnisch mit der eben beschriebenen Vorgehensweise geht es folgendermaßen. Wir lösen nach x auf und erhalten

$$x = \sqrt{(y)}. \tag{3.19}$$

Die Vertauschung der Variablen (in der Umkehrfunktion ist x ja auch wieder die unabhängige Variable) liefert

$$y = \sqrt{(x)}. \tag{3.20}$$

Nicht jede Funktion ist umkehrbar, denn für Umkehrfunktionen müssen auch wieder die Definitionen der Abbildung erfüllt sein.

Aber streng monotone Funktionen sind immer umkehrbar.

Es gilt folgende Definition

---

**Definition**

Gibt es für die Funktionen f und g mit den Abbildungen

$$f : D \rightarrow W \text{ und } g : W \rightarrow D \tag{3.21}$$

den Zusammenhang

$$g\big(f(x)\big) = x, \tag{3.22}$$

so nennt man g die Umkehrfunktion zu f. Der Definitionsbereich von g ist der Bildbereich von f, und der Wertebereich von g ist der Definitionsbereich von f.

---

Die Quadratfunktion ist nicht umkehrbar, da im Wertebereich jeder Zahl (z. B. 4) zwei Zahlen im Definitionsbereich (hier + und −2) zugeordnet werden können. Mit einer passenden Einschränkung des Definitionsbereiches von f sind diese Funktionen aber auch umkehrbar. ◧ Abb. 3.5 zeigt die Beschränkung der quadratischen Funktion f auf den ersten Quadraten.

Diese Funktion ist umkehrbar, da die Spiegelung an der Winkelhalbierenden eindeutige Ergebnisse für g liefert. Für eine weitere quadratische Funktion wird die Ermittlung der Umkehrfunktion in einem Lernvideo erklärt (◧ Abb. 3.6).

■ **Gebrochen rationale Funktionen**

Die nächste Erweiterung des Polynomkonzepts ist die Division von zwei Polynomen. Es gilt folgende Definition

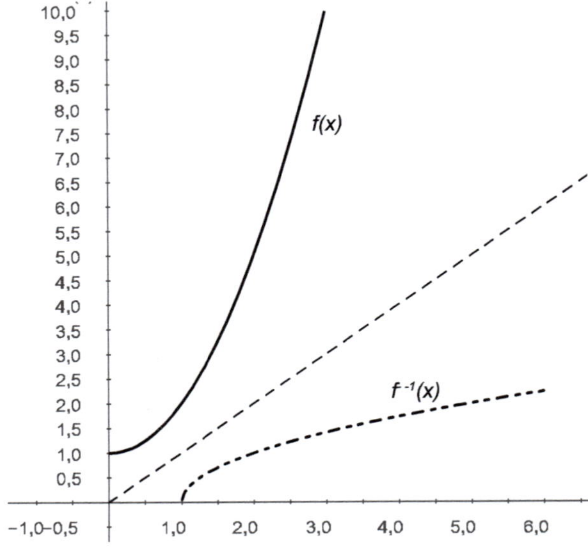


◧ **Abb. 3.5**  Funktion $f(x) = x^2 + 1$ und Umkehrfunktion $f^{-1}(x) = \sqrt{x^2 - 1}$

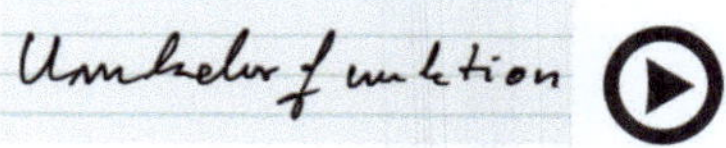

■ **Abb. 3.6**    Lernvideo: Umkehrfunktion. (▶ https://doi.org/10.1007/000-gze)

---

**Definition**

Funktionen, die sich als Quotient zweier Polynomfunktionen (g und h) darstellen lassen, heißen gebrochen rationale Funktionen.

$$f(x) = \frac{g(x)}{h(x)} = \frac{a_m x^m + a_{m-1} x^{m-1} + \ldots + a_0}{b_n x^n + b_{n-1} x^{n-1} + \ldots + b_0} \tag{3.23}$$

Der Nenner darf nicht Null werden, diese Nullstellen nennt man auch Definitionslücken von f. Es gilt

- $x_0$ ist eine Nullstelle von f, falls es keine Definitionslücke ist, und es auch eine Nullstelle von g ist.
- $x_0$ ist eine Polstelle von f, wenn $x_0$ eine Definitionslücke ist, und die Funktion f betragsmäßig immer größer wird bei Annäherung von x an $x_0$.

Der Vergleich der höchsten Exponenten zeigt eine weitere Eigenschaft von Polynomen

$$\text{echt gebrochen } m < n \quad \text{unecht gebrochen } m \geq n \tag{3.24}$$

---

■ **Trigonometrische Funktionen**

Die Trigonometrie ist die Lehre der Beziehungen von Streckenverhältnissen und Winkeln in geradlinig begrenzten Figuren. In der Schule wird sehr häufig das Dreieck zur Erklärung der trigonometrischen Funktionen gewählt. Die Strahlensätze der Geometrie begründen die Tatsache, dass diese Streckenverhältnisse (in Dreiecken oder anderen Figuren) nur vom Winkel der eingeschlossenen Strecken abhängen. Als Veranschaulichung zeigt ■ Abb. 3.7 die Streckenverhältnisse beim geradlinigen Weg an einem idealisierten Berg. Das Verhältnis der verschiedenen Höhen zum zurückgelegten Weg entlang einer Straße ist nur vom eingeschlossenen Winkel α abhängig. Dies ist aus der Schule als Strahlensatz bekannt.

  ■ Abb. 3.8 zeigt die Notation der Seiten und Winkel am rechtwinkligen Dreieck.

  Für alle rechtwinkligen Dreiecke mit dem gleichen Winkel α sind also die Verhältnisse von

- Gegenkathete zu Ankathete und
- Ankathete zu Hypotenuse

konstant. Die Änderung dieser Verhältnisse sind nur Funktionen des Winkels α.

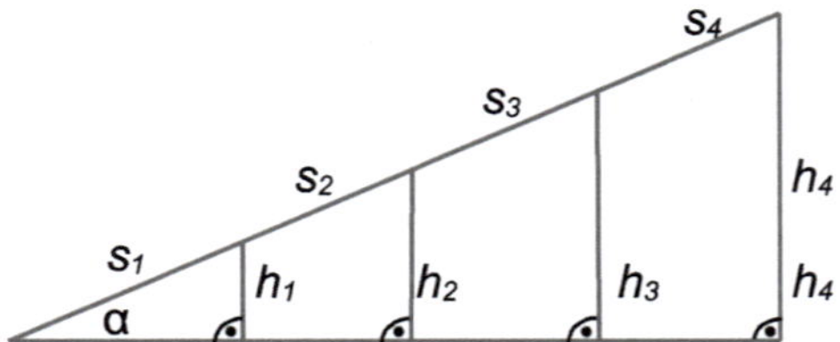



**Abb. 3.7** Das Verhältnis von Höhe h zu Strecke s ist konstant und hängt nur von $\alpha$ ab

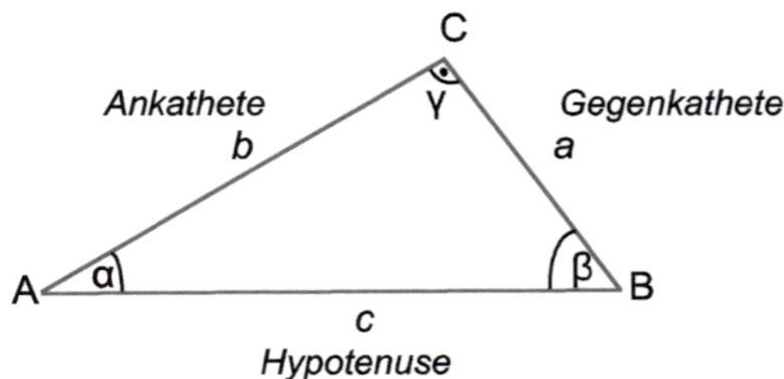



**Abb. 3.8** Bezeichnungen am rechtwinkligen ($\gamma$ = 90 Grad) Dreieck

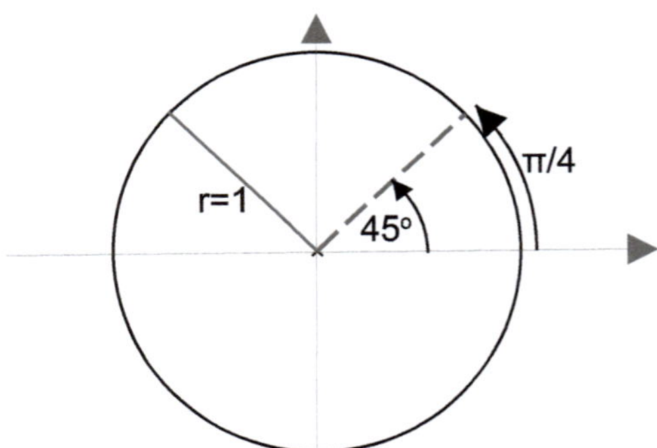



**Abb. 3.9** Einheitskreis (r = 1). Der Umfang ist $2\pi$. Ein Winkel von 45° entspricht einem Bogenmaß von $\pi/4$. Positive Winkel sind Winkel gegen den Uhrzeigersinn

Winkel werden sowohl im Gradmaß als auch im Bogenmaß ermittelt. Das Bogenmaß ist dimensionslos also einheitenfrei.

**Abb. 3.9** zeigt den Einheitskreis (also Kreis mit Radiuslänge = 1) mit zwei Werten von Grad und Bogenmaß. Winkel werden links herum positiv angegeben. Mit Hilfe des Dreisatzes lassen sich Grad und Bogenmaß ineinander umrechnen.

$$\frac{\alpha_{Bogenma\beta}}{2\pi} = \frac{\alpha_{Grad}}{360} \tag{3.25}$$

Während in der Schule der Schwerpunkt bei den trigonometrischen Funktionen bei Dreiecken und anderen einfachen Figuren liegt, wird in der Vorlesung der Einheitskreis mit Winkelangabe im Bogenmaß bevorzugt. Die Definitionen auf Basis des Einheitskreises (Radius = 1) lauten damit.

> **Definition**
>
> Die Abbildung, die jedem Winkel
>
> $$\alpha \in [0, 2\pi] \qquad (3.26)$$
>
> die entsprechende y bzw. x Koordinate auf dem Einheitskreis zuordnet, heißt Sinus bzw. Cosinus von $\alpha$. Es gilt also mit den bekannten Kurzbezeichnungen
>
> $$\begin{aligned} \sin(\alpha) &= y \\ \cos(\alpha) &= x \end{aligned} \qquad (3.27)$$
>
> Dies ist identisch mit den in der Schule benutzten Ausdrücken
>
> $$\begin{aligned} \sin(\alpha) &= \frac{Gegenkathete}{Hypotenuse} \\ \cos(\alpha) &= \frac{Ankathete}{Hypotenuse} \end{aligned} \qquad (3.28)$$

Da der Winkel $\alpha$ im Bogenmaß einheitenfrei ist, ist $\alpha$ eine gewöhnliche reelle Zahl im Intervall $[0,2\pi]$. Nach einem Durchlauf des Einheitskreises startet der zweite Durchlauf mit den gleichen Funktionswerten bei gleichen Winkeln, d. h. die Periode von Sinus und Cosinus Funktionen sind $2\pi$. Es gilt

$$\begin{aligned} \sin(x) &= \sin(x + 2\pi) \\ \cos(x) &= \cos(x + 2\pi) \end{aligned} \quad \text{für alle } x \in \mathbb{R}. \qquad (3.29)$$

Mit Hilfe dieser Periodizität gibt es also die Definitions- bzw-. Wertebereiche.

$$\begin{aligned} \sin &: \mathbb{R} \to [-1, +1] \\ \cos &: \mathbb{R} \to [-1, +1] \end{aligned} \qquad (3.30)$$

Wenden wir den Satz des Pythagoras im Einheitskreis an, so gilt

$$x^2 + y^2 = 1. \qquad (3.31)$$

Daraus lässt sich der trigonometrische Satz des Pythagoras herleiten.

$$\sin^2(\alpha) + \cos^2(\alpha) = 1 \quad \forall \alpha \in \mathbb{R} \qquad (3.32)$$

Zwei weitere Winkelfunktionen sind der Tangens und der Kotangens.

---

**Definition**

Die Tangensfunktion ist definiert als

$$\tan(\alpha) = \frac{y}{x} = \frac{\sin(\alpha)}{\cos(\alpha)}, \tag{3.33}$$

wobei alle Nullstellen des Nenners aus dem Definitionsbereich von x ausgeschlossen sind. Für den Definitionsbereich gilt also

$$D = \left\{ x | \mathbb{R} \backslash \cos(x) = 0 \right\}. \tag{3.34}$$

Die Kotangensfunktion ist der Kehrwert der Tangensfunktion. Das heißt, es gilt

$$\cot(\alpha) = \frac{1}{\tan(\alpha)} = \frac{\cos(\alpha)}{\sin(\alpha)}. \tag{3.35}$$

Die Nullstellen der Tangensfunktion sind aus dem Definitionsbereich ausgeschlossen. Das bedeutet

$$D = \left\{ \mathbb{R} \backslash k \cdot \pi : k \in \mathbb{Z} \right\}. \tag{3.36}$$

---

■ Abb. 3.10 zeigt den Verlauf dieser Funktion für mehrere Perioden, deutlich sichtbar sind die Polstellen des Tangens und Kotangens.

Aus der Abbildung sind folgende Umrechnungsformeln ersichtlich

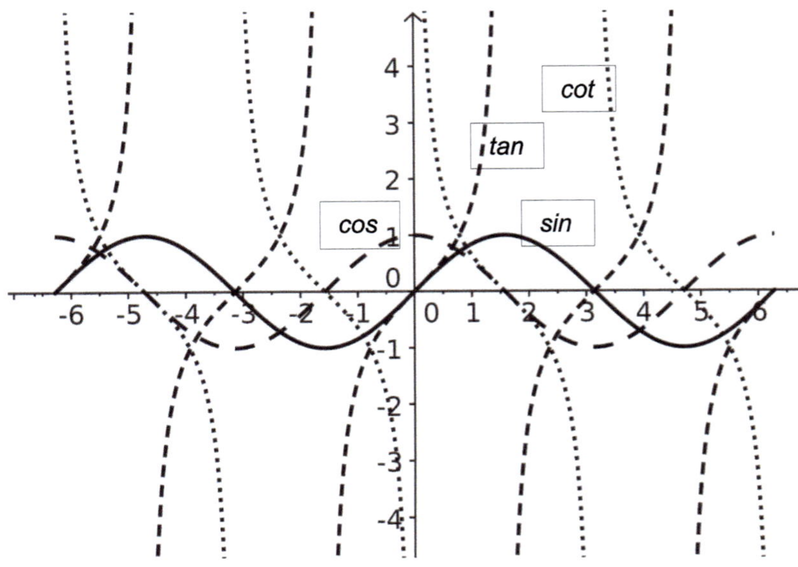


■ **Abb. 3.10**  Verläufe von Sinus, Cosinus, Tangens und Cotangens Funktionen

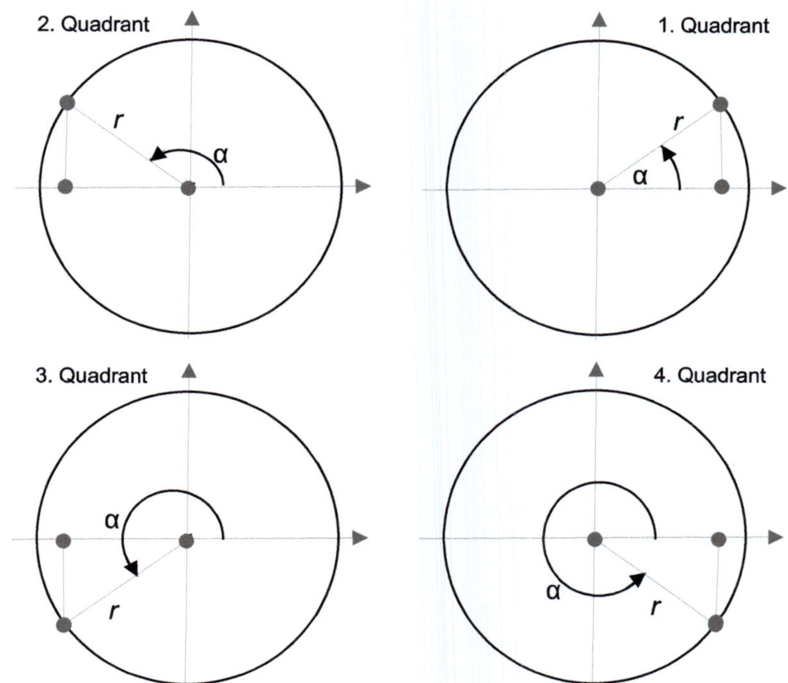



**Abb. 3.11**    Winkelfunktion in vier Quadranten mit rechtwinkligem Dreieck

$$\cos(\alpha) = \sin\left(\alpha + \frac{\pi}{2}\right)$$
$$\sin(\alpha) = \cos\left(\alpha - \frac{\pi}{2}\right)$$

(3.37)

Im Gegensatz zum rechtwinkligen Dreieck, bei dem nur spitze Winkel (also Winkel kleiner als π/2) möglich sind, kann man am Einheitskreis beliebige Winkel bilden. ▪ Abb. 3.11 zeigt dies für jeden Quadranten separat, die Lage des Dreiecks im Einheitskreis ändert sich dann natürlich.

Zur Berechnung von trigonometrischen Aufgaben sind die folgenden Additionstheoreme (für **beliebige** Winkel α und β) ein wichtiges Werkzeug.

$$\sin(\alpha \pm \beta) = \sin(\alpha)\cos(\beta) \pm \cos(\alpha)\sin(\beta)$$
$$\cos(\alpha \pm \beta) = \cos(\alpha)\cos(\beta) \mp \sin(\alpha)\sin(\beta)$$
$$\tan(\alpha \pm \beta) = \frac{\tan(\alpha) \pm \tan(\beta)}{1 \mp \tan(\alpha)\tan(\beta)}$$
$$\cot(\alpha \pm \beta) = \frac{\cot(\alpha)\cot(\beta) \mp 1}{\cot(\beta) \pm \cot(\alpha)}$$

(2.38)

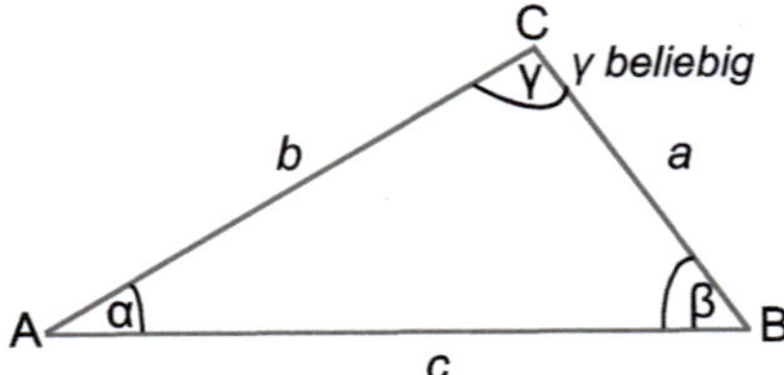


**⊙ Abb. 3.12**  Allgemeines schiefwinkliges Dreieck

Für schiefwinklige Dreiecke (⊙ Abb. 3.12), bei denen also γ **kein rechter** Winkel sein muss, gelten die folgenden beiden Sätze.

**Sinus Satz:**

$$\frac{a}{\sin(\alpha)} = \frac{b}{\sin(\beta)} = \frac{c}{\sin(\gamma)} \tag{3.39}$$

**Cosinus Satz:**

$$\begin{aligned}
a^2 &= b^2 + c^2 - 2bc\cos(\alpha) \\
b^2 &= a^2 + c^2 - 2ac\cos(\beta) \\
c^2 &= a^2 + b^2 - 2ab\cos(\gamma)
\end{aligned} \tag{3.40}$$

Als Beispiel zur Anwendung der Additionstheoreme behandeln wir das Beispiel, den Cosinus eines Winkels zu bestimmen, wenn für andere Winkel die Cosinus- und Sinuswerte bekannt sind.

Gesucht ist der Wert (ohne Benutzung eines Taschenrechners) von

$$\cos\left(75^o\right). \tag{3.41}$$

Wir zerlegen den Wert 75 in zwei Werte, für die wir die trigonometrischen Eigenschaften schon wissen

$$\begin{aligned}
\cos\left(75^o\right) &= \cos\left(30^o + 45^o\right) \\
&= \cos\left(30^o\right)\cdot\cos\left(45^o\right) - \sin\left(30^o\right)\cdot\sin\left(45^o\right) \\
&= \frac{1}{2}\cdot\sqrt{(3)}\cdot\frac{1}{2}\sqrt{(2)} - \frac{1}{2}\cdot\frac{1}{2}\sqrt{(2)} \\
&= \frac{1}{4}\cdot\sqrt{(2)}\left(\sqrt{(3)} - 1\right)
\end{aligned} \tag{3.42}$$

Aus den Additionstheoremen lassen sich auch sogenannte Doppelwinkelgleichungen herleiten, die später für die Integralrechnung nützlich sind.

Wir betrachten ein Beispiel. Für Doppelwinkel folgt aus diesen Theoremen

$$\cos(2\alpha) = \cos(\alpha + \alpha) = \cos^2(\alpha) - \sin^2(\alpha)$$
$$\sin(2\alpha) = 2\sin(\alpha) \cdot \cos(\alpha)$$

$$(3.43)$$

Kombiniert man diese Gleichungen mit dem trigonometrischen Pythagoras, ergeben sich durch Summe und Differenz dieser Gleichungen die folgenden Ausdrücke.

$$2\cos^2(\alpha) = 1 + \cos(2\alpha)$$
$$2\sin^2(\alpha) = 1 - \cos(2\alpha)$$

$$(3.44)$$

Damit lassen sich Quadrate von trigonometrischen Funktionen einfacher integrieren.

Die folgenden Lernvideos ( Abb. 3.13 und 3.14) enthalten die Berechnung von Perioden bzw. die Anwendung trigonometrischer Beziehungen.

### ■ Exponential- und Logarithmus-Funktionen

Wir hatten im Teil 1 (Elementare Rechentechniken) bereits Potenzen und die Umkehrung von Potenzen (also Logarithmen) kennengelernt. Bei den Potenzen ist die Variable x die Basis und der Exponent ist eine rationale Zahl.

Bei den Exponentialfunktionen werden diese beiden Rollen vertauscht. Wir konzentrieren uns hier auf die wichtigste Exponentialfunktion, die auch natürliche Exponentialfunktion genannt wird. Die Basis dieser Funktion ist eine der wichtigsten Zahlen (neben $\pi$) in der Mathematik und wir definieren.

> **Definition**
>
> Die eulersche Zahl (e) ist der Grenzwert
>
> $$\lim_{n \to \infty} a_n = e = 2{,}7182818\ldots\text{mit } a_n = \left(1 + \frac{1}{n}\right)^n. \qquad (3.45)$$

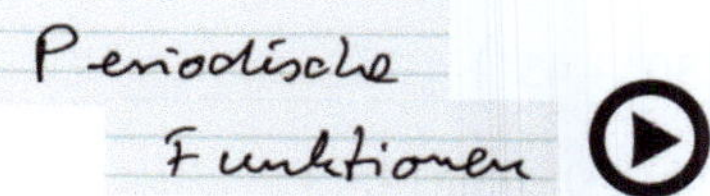


 **Abb. 3.13**    Lernvideo: Periodische Funktionen. ( https://doi.org/10.1007/000-gzf)

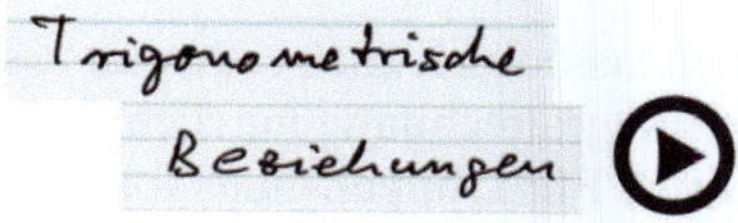


 **Abb. 3.14**    Lernvideo: Trigonometrische Beziehungen. ( https://doi.org/10.1007/000-gzg)

Die eulersche Zahl e ist irrational und taucht bei vielen Wachstumsprozessen in der Natur auf; daher ist diese Zahl auch außerhalb der Mathematik sehr wichtig.

Mit dieser Zahl als Basis wird die natürliche Exponentialfunktion definiert.

> **Definition**
>
> $$\exp(x): \mathbb{R} \to \mathbb{R} \quad \text{mit} \quad \exp(x) = e^x \tag{3.46}$$
>
> heißt natürliche Exponentialfunktion oder kurz e-Funktion.

Die e-Funktion hat Eigenschaften, die sich direkt aus den Gesetzen für Potenzfunktionen ergeben.

$$
\begin{aligned}
e^0 &= 1 \\
e^1 &= 1 \\
e^{(-1)} &= \frac{1}{e^1} \\
e^{x+y} &= e^x + e^y
\end{aligned}
\tag{3.47}
$$

Die e-Funktion ist streng monoton wachsend.

Für kleiner werdende x ist die Gerade y = 0 eine Asymptote, d. h. die e-Funktion nähert sich dieser Geraden immer mehr an.

■ Abb. 3.15 zeigt den Verlauf der e-Funktion.

Weitere interessante Eigenschaften insbesondere zur Steigung der e-Funktion werden in ▶ Kap. 4 erläutert. Ein Beispiel zur Lösung von Exponentialgleichungen mit Anwendnung der Logarithmusfunktion zeigt ein Lernvideo (■ Abb. 3.16).

Alle Exponentialfunktionen wachsen sehr schnell, verglichen mit Potenzfunktionen. Die folgende Eigenschaft wird in Vorlesungen noch näher erläutert.

Es gilt

$$\lim_{x \to \infty} \frac{a^x}{x^n} = \infty \quad \forall x \in \mathbb{R}. \tag{3.48}$$

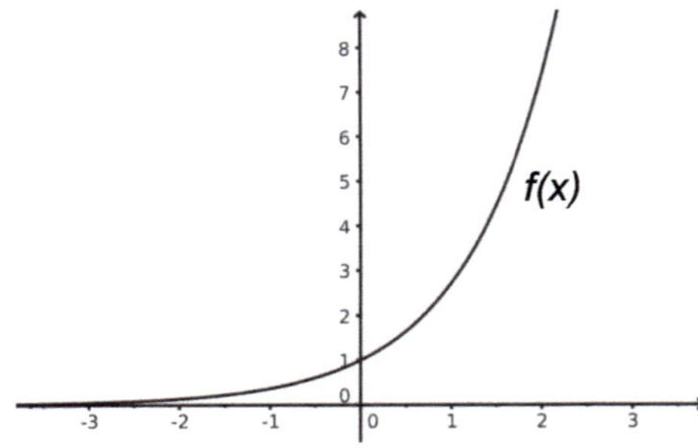


■ **Abb. 3.15**   Die Exponentialfunktion (e-Funktion) $f(x) = \exp(x)$

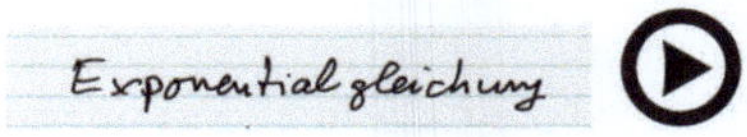

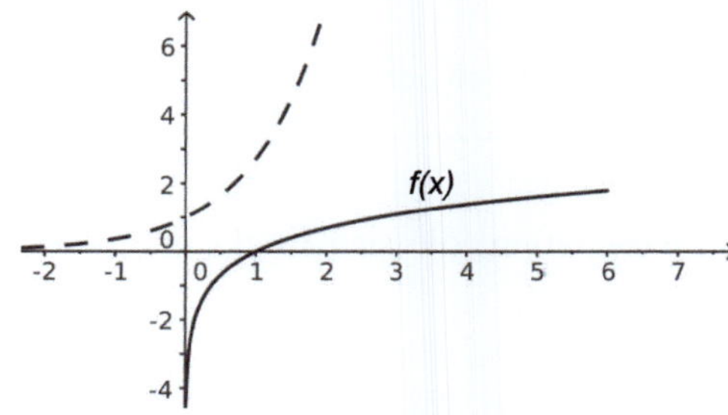


◘ **Abb. 3.16**    Lernvideo: Exponentialgleichung. (► https://doi.org/10.1007/000-gzd)

◘ **Abb. 3.17**    Die natürliche Logarithmusfunktion $f(x) = \ln(x)$

Diese Eigenschaft ist bei Wachstumsprozessen wichtig.

Da die Exponentialfunktion im gesamten Definitionsbereich streng monoton wächst, ist sie auch umkehrbar.

Damit kommen wir zum natürlichen Logarithmus, den wir schon aus Teil 1 (Elementare Rechentechniken) etwas kennen.

---

**Definition**

Die Umkehrfunktion der e-Funktion wird natürliche Logarithmusfunktion genannt. Es gilt

$$f(x): \mathbb{R}^{+} \to \mathbb{R}^{+} \quad \text{mit} \quad f(x) = \ln(x), \tag{3.49}$$

mit dem Definitionsbereich der positiven reellen Zahlen.

---

◘ Abb. 3.17 enthält neben der e-Funktion auch die Logarithmus Funktion. Da es sich bei den beiden Funktionen um Umkehrfunktionen der anderen handelt, entstehen sie durch Spiegelung an der Winkelhalbierenden.

Es gilt für diese beiden Funktionen, entsprechend der Definition von Umkehrfunktionen

$$\begin{aligned} e^{\ln(x)} &= x \quad \forall x > 0 \\ \ln\left(e^{x}\right) &= x \quad \forall x > 0 \end{aligned} \tag{3.50}$$

Aus den Potenzgesetzen ergeben sich direkt die Eigenschaften der natürlichen Logarithmusfunktion

$$\ln(1) = 0$$
$$\ln(e) = 1$$
$$\ln\left(\frac{1}{e}\right) = -1 \qquad .$$

$$\ln(x \cdot y) = \ln(x) + \ln(y)$$
$$\ln(x)^y = y \cdot \ln(x)$$

(3.51)

Der natürliche Logarithmus ist streng monoton wachsend und hat eine Polstelle bei $x = 0$.

Als Beispiel, bei dem die unabhängige Variable x an mehreren Stellen vorkommt, behandeln wir die logarithmische Gleichung, bei der nach der Unbekannten x aufgelöst werden muss.

Wir suchen die Lösung der Logarithmusgleichung

$$x^{\ln(x)} = 2.$$

(3.52)

Diese Gleichung ist nur für positive x Werte definiert und wir können beide Seiten logarithmieren

$$\ln\left\{x^{\ln(x)}\right\} = \ln(2).$$

(3.53)

Aus den Logarithmusregeln folgt dann

$$\ln\left\{x^{\ln(x)}\right\} = \ln(x) \cdot \ln(x) = \left\{\ln(x)\right\}^2.$$

(3.54)

Um nach x aufzulösen, müssen wir die e-Funktion einsetzen, das bedeutet

$$\left\{\ln(x)\right\}^2 = \ln(2)$$
$$\Rightarrow \ln(x) = \pm\sqrt{(\ln 2)} \qquad .$$

(3.55)

$$e^{(\ln x)} = x = e^{\pm\sqrt{(2)}} \Rightarrow x_1 = e^{+\sqrt{(2)}} \quad x_2 = e^{-\sqrt{(2)}}$$

Bei radioaktiven Zerfällen spielt die e-Funktion eine zentrale Rolle.

Das Gesetz für den Zerfall lautet

$$N(t) = N_0 \cdot e^{-\lambda t}.$$

(3.56)

Die Zerfallskonstante $\lambda$ ist positiv und ist stoffspezifisch. $N_0$ ist die Stoffmenge zum Zeitpunkt $t = 0$, also das Ausgangsmaterial.

Beispiel:

Welchen Zusammenhang gibt es zwischen der Konstanten $\lambda$ und der Halbwertszeit $t_{1/2}$. Die Halbwertszeit ist die Zeit, nach der die Hälfte des radioaktiven Stoffes zerfallen ist.

Wir setzen die Eigenschaft der Halbwertszeit in das Gesetz ein

$$N_{t_{\frac{1}{2}}} = \frac{1}{2}\cdot N_0 \Rightarrow N_0 \cdot e^{-\lambda\cdot t_{\frac{1}{2}}} = \frac{1}{2}N_0. \tag{3.57}$$

Nach Kürzen und Logarithmieren beider Seiten gilt

$$-\lambda t_{\frac{1}{2}} = \ln\left(\frac{1}{2}\right) = \ln(1) - \ln(2) = -\ln(2). \tag{3.58}$$

Daraus folgt

$$t_{\frac{1}{2}} = \frac{\ln(2)}{\lambda}. \tag{3.59}$$

Dies ist der gesuchte Zusammenhang zwischen der Zerfallskonstante und der Halbwertszeit.

Mit drei Lernvideos (Abb. 3.18, 3.19 und 3.20) kann man die etwas unanschaulichen Regeln zum Logarithmus weiter einüben.

### ■ In aller Kürze

Bestimmte Eigenschaften von Funktionen erlauben es, viele Vorgänge in der Natur zu modellieren. Schwingungs- und Vibrationsphänomene können z. B. durch periodische, also trigonometrische Funktionen modelliert werden. Mit Potenz- und Exponentialfunktionen können viele Wachstums- und Zerfallsvorgänge analysiert werden. Wir nennen noch einmal die aus der Schule bekannten Funktionen:

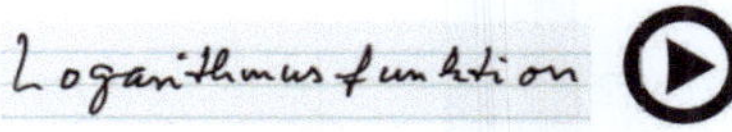


**Abb. 3.18**    Lernvideo: Logarithmusfunktion. (► https://doi.org/10.1007/000-gzj)

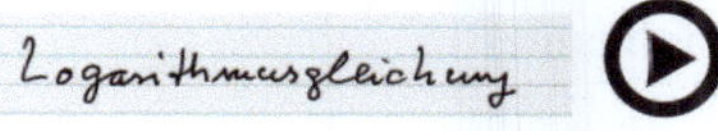


**Abb. 3.19**    Lernvideo: Logarithmusgleichung. (► https://doi.org/10.1007/000-gzk)

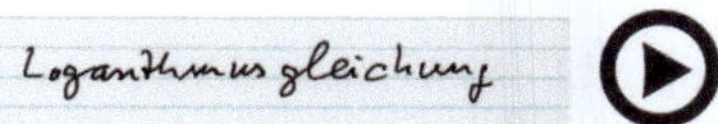


**Abb. 3.20**    Lernvideo: Logarithmusgleichung. (► https://doi.org/10.1007/000-gzm)

- Polynome.
- Gebrochen rationale Funktionen.
- trigonometrische Funktionen.
- Exponential- und Logarithmusfunktionen.

### ■ Ausblick

Die hier diskutierten Funktionen lassen sich auf mehrere unabhängige Variable erweitern. Diese Elemente des dann erweiterten Definitionsbereichs hatten wir im Ausblick des letzten Kapitels n-Tupel genannt. Sämtliche hier diskutierten Funktionen lassen sich auf mehrere Dimensionen erweitern. Außerdem werden in den Analysis Vorlesungen auch andere Funktionen diskutiert, die nicht Gegenstand der Oberstufenmathematik sind. Dies sind z. B. hyperbolische Funktionen,

Mit trigonometrischen Funktionen (mit mehreren Variablen) ist es dann möglich, Schwingungsvorgänge im dreidimensionalen Raum zu beschreiben. Die Erweiterung der hier diskutierten Funktionen ist also für viele Bereiche in Natur und Technik von zentraler Bedeutung.

Eine andere Erweiterung des Funktionskonzeptes ist die Darstellung von Funktionen durch sogenannte Potenzreihen. Ein Taschenrechner ist z. B. nur dann in der Lage, einen gewünschten Sinuswert zu ermitteln, wenn die Sinus Funktion geeignet einprogrammiert wurde. Dies wird durch die Potenzreihenentwicklungen realisiert. Bei den trigonometrischen Funktionen bestehen diese Potenzreihen dann aus vielen Termen mit Potenzen des unabhängigen Arguments (der Winkel). Die Vorzeichen und Exponenten in diesen Reihen legen dann fest, ob die Sinus – oder die Cosinusfunktion so approximiert wird.

Die sehr wichtige Exponentialfunktion kann auch durch eine Potenzreihe approximiert werden. Eine andere Reihenentwicklung ist die sogenannte Taylor-Reihenentwicklung. Damit lassen sich Funktionswerte in der Umgebung eines bestimmten Variablenwertes durch Ableitungen der Funktion in der Umgebung dieses Wertes beschreiben.

Der Bereich der Zahlenmengen wird auch erweitert. Die komplexen Zahlen beinhalten die reellen Zahlen (der Fokus in der Oberstufe) und imaginären Zahlen. Damit lassen sich bestimmte Funktionseigenschaften und Ableitungen von Funktionen effizient beschreiben.

### ■ Verständnisfragen und Aufgaben

3.1

Berechnen Sie die Nullstellen und den Schnittpunkt mit der y-Achse.

$$a)\, y = \left(x-1\right)^2 - 1$$
$$b)\, y = x^2 + 6x + 5 \tag{3.60}$$

3.2

Zerlegen Sie die Funktion in einen ganzrationalen und einen gebrochen rationalen Anteil.

$$f(x) = \frac{2x^3 - 5x^2 + 4x + 3}{x^2 + x - 1} \tag{3.61}$$

**3.3**

Lösen Sie nach x auf.

$$4^{x^2 - x + 1} = 8^x \tag{3.62}$$

**3.4**

Berechnen Sie x unter Benutzung des Logarithmus.

$$\begin{aligned} &a)\log_x 8 = 3 \\ &b)4^x = 64 \\ &c)lgx = -2 \end{aligned} \tag{3.63}$$

**3.5**

Lösen Sie die logarithmischen Gleichungen.

$$\begin{aligned} a)&\log_4(x+2) = -3 \\ b)&\ln(x-1)^2 = 2 \\ c)2&\lg^2(x^3) - 3\lg(x) - 1 = 0 \end{aligned} \tag{3.64}$$

**3.6**

Berechnen Sie den cotangens für den Fall, dass der Sinuswert gegeben ist.

$$\cot(x)\,\text{für folgende Beziehung}\,\sin(x) = \frac{1}{2} \cdot \sqrt{(3)} \tag{3.65}$$

**3.7**

Vereinfachen Sie.

$$a)\frac{\cos(x)}{\cot(x)}$$

$$\tag{3.66}$$

$$b)\sqrt{(1 + \tan^2(x))} \cdot \cos(x)$$

**3.8**

Skizzieren Sie den Graph der folgenden Funktion.

$$f(x) = 4\sin(3x - \pi) \tag{3.67}$$

3.9

Berechnen Sie

$$\sin(3\alpha) \text{ als Funktion von } \sin(\alpha) \text{ und } \sin^n(\alpha) \quad n \in \mathbb{N}. \tag{3.68}$$

## Literatur

Klinger M (2015) Vorkurs Mathematik für Nebenfachstudierende. Kap. 3.6, 1. Aufl. Springer Spektrum Verlag, Wiesbaden

Ruhrländer M (2019) Brückenkurs Mathematik. Kap. 4.3 bis 4.6, 2. Aufl. Pearson Deutschland Verlag, Hallbergmoos

# Differentialrechnung

## Inhaltsverzeichnis



**Ergänzende Information** Die elektronische Version dieses Kapitels enthält Zusatzmaterial, auf das über folgenden Link zugegriffen werden kann [https://doi.org/10.1007/978-3-658-48666-2_4]. Die Videos lassen sich durch Anklicken des DOI-Links in der Legende einer entsprechenden Abbildung abspielen, oder indem Sie diesen Link mit der SN More Media App scannen.

Wir hatten einige Eigenschaften von Funktionen (Nullstelle, Polstelle) bei der Diskussion bestimmter Funktionen bereits kennengelernt. Mit dem Begriff Differenzialrechnung verbindet man in der Schulmathematik die Begriffe Ableitung und Kurvendiskussion. Die Differenzialrechnung ermöglicht es erst, Veränderungen von Funktionen zu berechnen. Sie ist damit die wesentliche Grundlage für das Gebiet der Differenzialgleichungen. Diese sind zwar häufig kein Thema in der Schulmathematik, aber die Lösung von Differenzialgleichungen ermöglicht es erst, technische und naturwissenschaftliche Fragestellungen zu behandeln. Im Gebiet von Natur und Technik tauchen oft Abhängigkeiten zwischen Funktionen und Ableitungen (derselben Funktion oder einer anderen) auf. Häufig ist dies (z. B. in der Physik) die unabhängige Variable t (Zeit) nach der die physikalischen Größen abgeleitet werden.

Die Differenzialrechnung (mit der Integralrechnung) ist daher (nach Auffassung des Autors) das wichtigste Teilgebiet der Mathematik für technische Studienfächer.

Die Beschäftigung mit Funktionen und deren Ableitungen (hier nur mit Funktionen einer Variablen) ist daher die Vorausetzung, um in technischen Fächern entsprechende Fragestellungen zu lösen.

**Lernziele**
- Übergang vom Differenzenquotient zum Differenzial.
- Bedeutung höherer Ableitungen.
- Extremstellen und Wendepunkte von Funktionen.
- Mittelwertsatz der Differenzialrechnung.

Um die Definition des Begriffes Ableitung vorzubereiten, ist es hilfreich, sich eine Vorstellung von verschiedenen Geraden (Sekante, Tangente und Passante) zu machen.

**Definition**

Bei Sekante, Tangente und Passante handelt es sich um Funktionen vom Grad 1 (also Geraden), für diese gilt:

$$h : \mathbb{R} \to \mathbb{R} \text{ mit } h(x) = ax + b. \tag{4.1}$$

Dabei sind a und b reelle Zahlen.

Die Gerade h ist eine Sekante an f, wenn h den Graf von f zweimal schneidet und dann außerhalb, aber in der Umgebung dieser Schnittpunkte, oberhalb bzw. unterhalb von f liegt.

Die Gerade h ist eine Passante an f, wenn die Gerade h den Graf von f in einer gewissen Umgebung nicht schneidet, h und f also keine gemeinsamen Punkte haben.

Die Gerade h ist eine Tangente an f, wenn h in einem gewissen Bereich dem Grafen von f sehr ähnlich sieht, also lokal die beste Approximation an f ist. Dann existiert nur ein Schnittpunkt von f und h, oder unendlich viele. Der Fall unendlich viele Schnittpunkte ist uninteressant, da dann f und h den gleichen Verlauf haben, also identisch sind. Im Falle eines Schnittpunkts ist die Steigung von h im Schnittpunkt (also die Zahl a aus der Definitionsgleichung der Geraden h) gleich der Steigung der Funktion f an diesem Schnittpunkt.

Wir wählen als Beispiel (■ Abb. 4.1) die Parabel für die Funktion f und beschränken uns auf den ersten Quadranten beim Grafen von f und den drei Geraden $h_1$, $h_2$, und $h_3$. Die Geraden haben folgende Eigenschaften:

$$h_1 : \mathbb{R}^+ \to \mathbb{R}^+ \text{ mit } h_1(x) = x \text{ Dies ist eine Sekante.} \tag{4.2}$$

$$h_2 : \mathbb{R}^+ \to \mathbb{R}^+ \text{ mit } h_2(x) = x - \frac{1}{4} \text{ Dies ist eine Tangente.} \tag{4.3}$$

$$h_3 : \mathbb{R}^+ \to \mathbb{R}^+ \text{ mit } h_3(x) = x - \frac{1}{2} \text{ Dies ist eine Passante.} \tag{4.4}$$

Eine Gerade ist bereits bei Kenntnis von zwei Punkten auf der Geraden eindeutig bestimmt. ■ Abb. 4.2 zeigt die Gerade h mit den bekannten Punkten $x_1$, und $x_1 + h$. Dann gilt für die Steigung a folgendes

$$a = \frac{\Delta f}{\Delta x}. \tag{4.5}$$

Die Steigung ist also das Verhältnis von zwei Differenzen, diesen nennt man daher Differenzenquotient. Da es sich bei h um eine Funktion ersten Grades handelt, würde man die gleiche Steigung bei Kenntnis von zwei anderen Punkten erhalten, a ist also eine Konstante.

■ **Abb. 4.1**  Vergleich von Sekante, Tangente und Passante mit Funktion f(x)

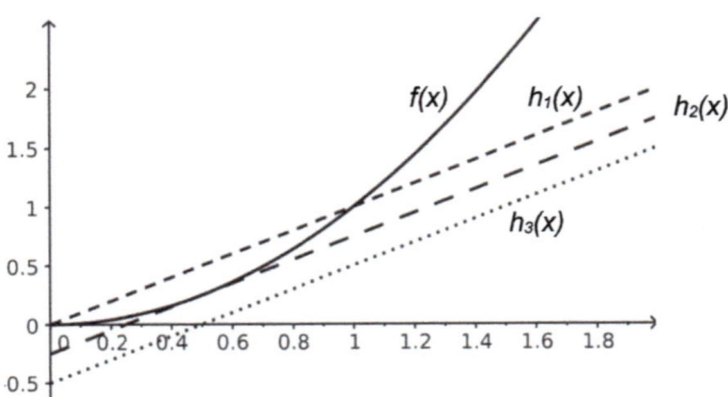


■ **Abb. 4.2**  Steigung einer Geraden

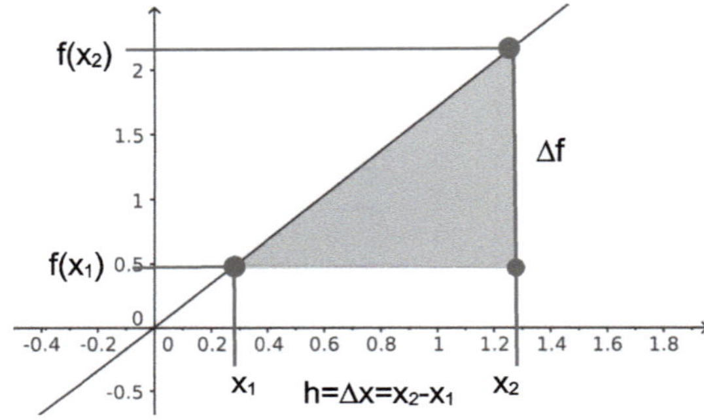

Alle Schnittpunkte sind gemeinsame Punkte der Sekanten h und der Funktion f. Nur eine Sekante geht durch den Ursprung. Bei allen anderen Sekanten gibt es für x = 0 den Funktionswert h(0) = b, wobei sich b auch durch die Funktionswerte von f an den Schnittpunkten ausdrücken lässt. Da die Steigung eine Konstante ist, und sich der Achsenabschnitt b durch die Funktionswerte von f ausdrücken lässt, ist die Sekantengleichung durch die Schnittstellen mit der Funktion f eindeutig bestimmt.

$$\text{Steigung}\, a = \frac{f(x_2) - f(x_1)}{x_2 - x_1}$$

$$\text{Achsenabschnitt}\, b = h(x) - a \cdot x = h(x_2) - a \cdot x_2 = f(x_2) - \frac{f(x_2) - f(x_1)}{x_2 - x_1} \cdot x_2 \tag{4.6}$$

Die Sekantengleichung lautet also

$$h(x) = \frac{f(x_2) - f(x_1)}{x_2 - x_1} \cdot x + f(x_2) - \frac{f(x_2) - f(x_1)}{x_2 - x_1} \cdot x_2. \tag{4.7}$$

Wir betrachten nun mehrere Sekanten h an f mit zunehmend kleiner werdenden Abständen zwischen den Schnittpunkten $S_1$ und $S_2$ (◼ Abb. 4.3).

Je mehr sich die Schnittpunkte annähern, so mehr ähnelt die Sekante einer Tangente. Im Grenzprozeß, bei dem die Schnittpunkte unendlich nah, aber dennoch verschieden sind, wird die Geradengleichung der Tangente entstehen.

Die Steigung der Tangente an diesem Punkt ergibt sich direkt aus der Geradengleichung der Tangente. Dazu definieren wir die Steigung einer Tangente.

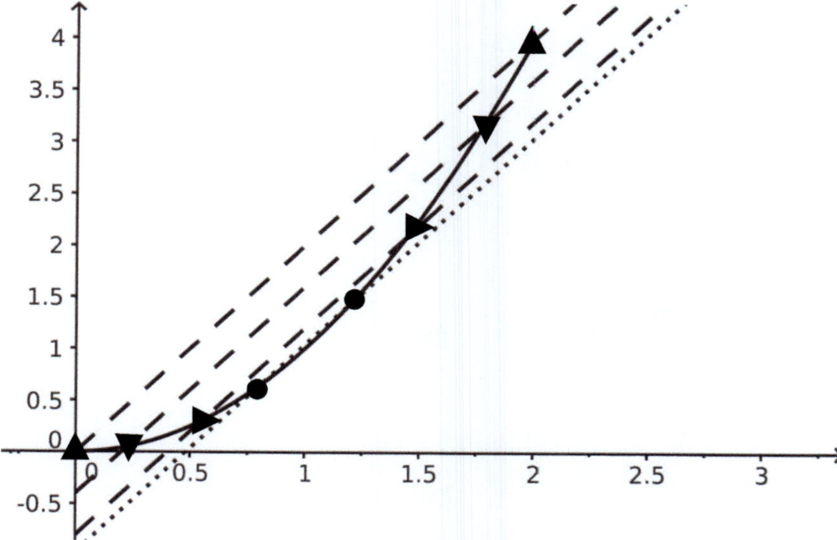

◼ **Abb. 4.3**  Verschiedene Sekanten an die Funktion f(x) (durchgezogen) mit kleiner werdendem Abstand der Schnittpunkte $S_1$ (untere Dreiecke) und $S_2$ (obere Dreiecke)

---

**Definition**

Es sei f eine stetige Funktion mit $f : R \rightarrow R$. Für die Steigung a der Tangente an f im Punkt $x_0$ gilt

$$a = a_{x_0} = \lim_{x \to x_0} \frac{f(x) - f(x_0)}{x - x_0}, \tag{4.8}$$

falls dieser Grenzwert existiert, also nicht $+ -$ unendlich ist.

Der soeben definierte Wert $a(x_0)$ heißt Ableitung von f an der Stelle $x_0$, falls er existiert. Dann ist die Funktion an der Stelle $x_0$ differenzierbar. Falls dieser Grenzwert im gesamten Definitionsbereich (also für alle x in D) existiert, ist die gesamte Funktion f differenzierbar. Für die (erste) Ableitung schreibt man auch

$$f' = \lim_{x \to x_0} \frac{f(x) - f(x_0)}{x - x_0} \text{ für alle } x \in D. \tag{4.9}$$

---

Falls die Funktion f in $x_0$ differenzierbar ist, ist sie dort auch stetig. Zur Übung des Grenzprozeßes bei der ersten Ableitung betrachten wir zwei einfache Beispiele.

Sei f eine Gerade mit den Eigenschaften

$$f : \mathbb{R} \rightarrow \mathbb{R} \text{ mit } f(x) = mx + b. \tag{4.10}$$

Dann lautet der Grenzübergang des Differenzenquotienten

$$f'(x_0) = \lim_{x \to x_0} \frac{f(x) - f(x_0)}{x - x_0} = \frac{mx + b - (mx_0 + b)}{x - x_0} = \frac{m(x - x_0)}{x - x_0} = m. \tag{4.11}$$

Damit bestätigt sich das bekannte Ergebnis, da die Geradengleichung ja schon in Steigungsform vorliegt.

Beispiel:

Nicht ganz so einfach ist der Grenzübergang bei einer Parabel.

$$f : \mathbb{R} \rightarrow \mathbb{R} \text{ mit } f(x) = x^2 \tag{4.12}$$

Dann gilt

$$f'(x_0) = \lim_{x \to x_0} \frac{f(x) - f(x_0)}{x - x_0}. \tag{4.13}$$

Wir führen eine neue Variable ein, um den Grenzübergang leichter auszuführen.

$$x = x_0 + h \Rightarrow h = x - x_0 \tag{4.14}$$

Dann gilt für die Steigung der Funktion f an der Stelle $x_0$.

$$f'(x_0) = \lim_{h \to 0} \frac{f(x_0 + h) - f(x_0)}{h} = \lim_{h \to 0} \frac{(x_0 + h)^2 - x_0^2}{h}$$

$$\Rightarrow f'(x_0) = \lim_{h \to 0} \frac{x_0^2 + 2x_0 h + h^2}{h} = \lim_{h \to 0}(2x_0 + h) = 2x_0 \tag{4.15}$$

Also ist f in $x_0$ differenzierbar und es gilt f' = $2x_0$. Da für x keine Beschränkungen vorliegen, ist die gesamte Parabel differenzierbar. Für x = 0 erhalten wir das bekannte Ergebnis

$$f'(0) = 2 \cdot 0 = 0. \tag{4.16}$$

Die Tangente ist im Minimum einer Parabel eine Horizontale.

Es gelten die bereits aus der Oberstufe bekannten Rechenregeln für Ableitungen, wobei der Ableitungsstrich nicht nur an den Funktionsnamen stehen kann, sondern auch an Termen.

Seien f und g reelle Funktion und $\lambda$ eine reelle Zahl. Dann gilt

$$\lambda' = 0$$
$$(\lambda \cdot f)' = \lambda \cdot f'$$
$$(f \pm g)' = f' \pm g'$$
$$(f \cdot g)' = f' \cdot g + f \cdot g' \quad \text{Produktregel}$$
$$\left(\frac{f}{g}\right)' = \frac{f' \cdot g - f \cdot g'}{g^2} \tag{4.17}$$
$$\Rightarrow \left(\frac{1}{g}\right)' = \frac{-g'}{g^2} \quad \text{Quotientenregel}$$

Wendet man eine Funktion auf eine andere Funktion an, handelt es sich also um eine Verkettung von Funktionen. Man spricht „f verknüpft mit g".

Seien f und g zwei differenzierbare Funktionen. Dann gilt für die Ableitung der Kettenfunktion

$$f(g(x)) = f \circ g \quad \text{und} \quad (f \circ g)'(x_0) = \underbrace{g'(f(x_0))}_{\text{äußere Ableitung}} \cdot \underbrace{f'(x_0)}_{\text{innere Ableitung}} . \tag{4.18}$$

Die Konstruktion von Tangente und Sekante für eine gegebene Funktion wird in einem Lernvideo gezeigt (■ Abb. 4.4).

Die Berechnung von äußerer und innerer Ableitung zeigt das Lernvideo in ■ Abb. 4.5)

Jede differenzierbare Funktion ist stetig, aber nicht jede stetige Funktion ist differenzierbar. Dies zeigt das einfache Beispiel der Betragsfunktion (■ Abb. 4.6).

Wir betrachten die Betragsfunktion

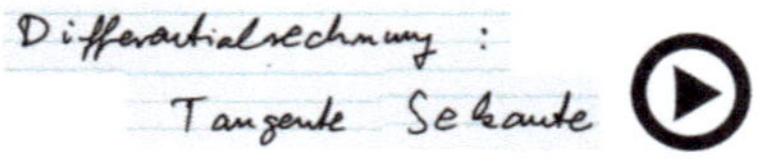

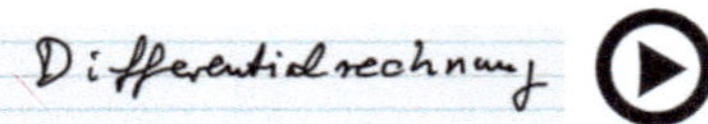



● **Abb. 4.4**   Lernvideo: Differenzialrechnung: Tangente, Sekante. (▶ https://doi.org/10.1007/000-gzp)



● **Abb. 4.5**   Lernvideo: Differenzialrechnung. (▶ https://doi.org/10.1007/000-gzn)

● **Abb. 4.6**   Verlauf der Betragsfunktion

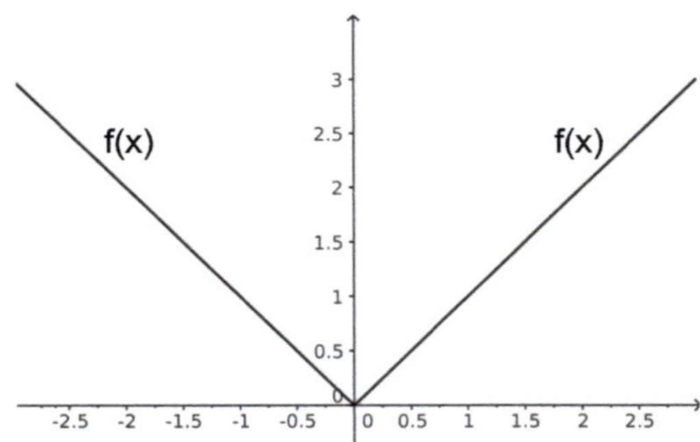


$$f(x) = |x| \tag{4.19}$$

an der Stelle x = 0.

Der Differenzenquotient lautet

$$\frac{\Delta f}{\Delta x} = \frac{f(0+h) - f(0)}{h} = \frac{|0+h| - |0|}{h}. \tag{4.20}$$

Zur Grenzwertbildung (also h wird immer kleiner) setzen wir für den kleinen positiven Wert h die beiden Nullfolgen $h_1$ und $h_2$ ein.

$$h_1 = \frac{1}{n} \text{ und } h_2 = -\frac{1}{n} \tag{4.21}$$

Die Folge $h_1$ nähert sich der Null von rechts, und die Folge $h_2$ von links.

Die Ableitung bei x = 0 ist nicht eindeutig, da der Grenzübergang von rechts und links unterschiedliche Werte liefert.

$$\text{Grenzwert von rechts, also } h = h1 \lim_{\to +0} \frac{f(0+h) - f(0)}{h} = \frac{\lim_{\to +0}|h_1|}{h_1} = \frac{\frac{1}{n}}{\frac{1}{n}} = 1 \qquad (4.22)$$

$$\text{Grenzwert von links, also } h = h2 \lim_{\to -0} \frac{f(0+h) - f(0)}{h} = \frac{\lim_{\to -0}|h_2|}{h_2} = \frac{\frac{1}{n}}{\frac{-1}{n}} = -1 \qquad (4.23)$$

Die Betragsfunktion ist also bei $x = 0$ nicht differenzierbar, aber sie ist bei $x = 0$ stetig.

Um die Ableitungsregeln zu üben, ist die Kenntnis von einigen Ableitungen wichtiger Funktionen hilfreich. Die Tabelle (◘ Tab. 4.1) enthält die erste Ableitung von elementaren Funktionen.

Bemerkenswert ist eine Eigenschaft der e-Funktion. Bei dieser Funktion stimmt an jeder Stelle x der Funktionswert mit dem Ableitungswert überein.

◘ **Tab. 4.1**    Die erste Ableitung einiger wichtiger Funktionen

| f(x) | f′(x) |
|---|---|
| $x^n$ | $n x^{n-1}$ |
| $\sqrt{(x)}$ | $\dfrac{1}{2\sqrt{(x)}}$ |
| $\dfrac{1}{x}$ | $-\dfrac{1}{x^2}$ |
| $\exp(x)$ | $\exp(x)$ |
| $\ln(x)$ | $\dfrac{1}{x}$ |
| $a^x$ | $a^x \ln(a)$ |
| $\log_a(x)$ | $\dfrac{1}{x \ln(a)}$ |
| $\sin(x)$ | $\cos(x)$ |
| $\cos(x)$ | $-\sin(x)$ |
| $\tan(x)$ | $1 + \tan^2(x) = \dfrac{1}{\cos^2(x)}$ |
| $\cot(x)$ | $-\dfrac{1}{\sin^2(x)}$ |

Differentialrechnung

Bei den folgende Beispielen ist f eine reelle Funktion.

$$\left(x^2 + \sin(x)\right)' = \left(x^2\right)' + \left(\sin(x)\right)' = 2x + \cos(x) \tag{4.24}$$

$$\left(3 \cdot e^x\right)' = 3 \cdot \left(e^x\right)' = 3 \cdot e^x \tag{4.25}$$

$$\left(x \cdot \ln(x)\right)' = (x)' \cdot \ln(x) + x \cdot \left(\ln(x)\right)' = 1 \cdot \ln(x) + \frac{x \cdot 1}{x} = \ln(x) + 1 \tag{4.26}$$

$$\left(\frac{x}{1+x^2}\right)' = \frac{(x)' \cdot \left(1+x^2\right) - x \cdot \left(1+x^2\right)'}{\left(1+x^2\right)^2} = \frac{1 \cdot \left(1+x^2\right) - x \cdot 2x}{\left(1+x^2\right)^2} = \frac{\left(1-x^2\right)}{\left(1+x^2\right)^2} \tag{4.27}$$

$$\left(\frac{1}{1+x^2}\right)' = \frac{-\left(1+x^2\right)'}{\left(1+x^2\right)^2} = \frac{-2x}{\left(1+x^2\right)^2} \tag{4.28}$$

Zum Üben der Kettenregel betrachten wir die Verkettung der Funktionen f und g.

$$f(g) = g^{\left(\frac{1}{4}\right)} \text{ und } g(x) = x^2 + 3 \tag{4.29}$$

Dann folgt aus der Kettenregel für die Ableitung

$$f\left(g(x)\right)' = \frac{1}{4} \cdot g^{\left(\frac{-3}{4}\right)} \cdot g' = \frac{1}{4} \cdot \left(x^2+3\right)^{\left(\frac{-3}{4}\right)} \cdot \left(x^2+3\right)' = \frac{x}{2\sqrt[4]{\left(x^2+3\right)^3}} . \tag{4.30}$$

Eine interessante Parallele zwischen Sekanten und Tangenten, auf dem in den Vorlesungen aufgebaut wird, liefert der Mittelwertsatz der Differenzialrechnung.

---

**Definition**

Sei f im Intervall I = [a,b] stetig und dort differenzierbar. Dann gilt für einen Punkt $x_0$ im Intervall I

$$f'(x_0) = \frac{f(b) - f(a)}{b - a} . \tag{4.31}$$

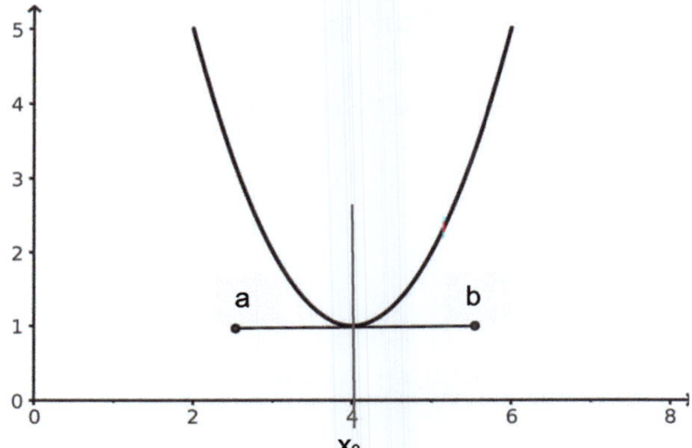



**Abb. 4.7**    Mittelwertsatz der Differenzialrechnung

Anschaulich bedeutet der Satz, dass im Intervall zwischen a und b jede Sekante eine Steigung hat, die mit der Tangentensteigung der Funktion f an mindestens einem Punkt im Intervall identisch ist. Abb. 4.7 zeigt ein Beispiel.

Bei differenzierbaren Funktionen können also die Grafen der Funktionen durch Tangenten approximiert werden. Exakt beim Schnittpunkt sind die Funktionswerte identisch, in der Umgebung von Schnittpunkten sind die Funktionswerte ähnlich. Dies wird im sogenannten Newtonverfahren zur Bestimmung von Nullstellen ausgenutzt. Dieses Verfahren ist in der numerischen Mathematik sehr verbreitet.

> **Definition**
>
> Sei die Funktion f mit der Eigenschaft $f: R \rightarrow R$ differenzierbar und $x_0$ liegt in der Nähe einer Nullstelle von f. Die Nullstelle einer Tangenten an f bei $x = x_0$ liegt dann auch noch in der Nähe der Nullstelle von f. Die Nullstelle der Tangenten sei vor der Iteration $x_1$. Abb. 4.8 zeigt ein Beispiel.
> Die Geradengleichung der Tangente lautet
>
> $$t(x) = f(x_0) + f'(x_0) \cdot (x - x_0). \tag{4.32}$$
>
> Für $x_1$ gilt also
>
> $$0 = f(x_0) + f'(x_0) \cdot (x_1 - x_0) \Leftrightarrow x_1 = x_0 - \frac{f(x_0)}{f'(x_0)}. \tag{4.33}$$
>
> Dies kann man iterieren, um die Nullstelle von f zu finden.
>
> $$x_{n+1} = x_n - \frac{f(x_n)}{f'(x_n)} \tag{4.34}$$

**◘ Abb. 4.8** Newtonverfahren: Näherungsverfahren zur Nullstellenbestimmung

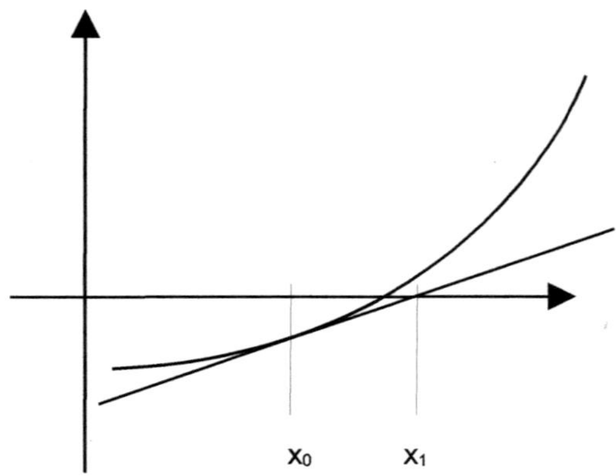


Gesucht sei die Nullstelle der Funktion f mit

$$f(x) = x^2 - 4. \tag{4.35}$$

Die erste Näherung ist $x_0 = 1$, und die erste Ableitung von f ist

$$f' = 2x. \tag{4.36}$$

Also gilt

$$x_{n+1} = x_n - \frac{x_n^2 - 4}{2x_n} = \frac{2x_n^2 - \left(x_n^2 + 4\right)}{2x_n} = \frac{x_n^2 + 4}{2x_n}. \tag{4.37}$$

Dann gilt für die ersten 3 Iterationen

$$x_1 = 2,5; x_2 = 2,05; x_3 = 2,0006; x_4 \sim 2,00000009. \tag{4.38}$$

Das Newtonverfahren konvergiert also sehr schnell.

Um Funktionseigenschaften näher zu untersuchen, interessieren nicht nur erste, sondern auch höhere Ableitungen.

**4**

---

**Definition**

Sei f mit

$$f : \mathbb{R} \to \mathbb{R} \tag{4.39}$$

eine differenzierbare Funktion. Dann sind die zweite und dritte Ableitungen definiert als

$$f'' = \left(f'\right)' \text{ und } f''' = \left(f''\right)'. \tag{4.40}$$

Falls die n-te Ableitung existiert, nennt man die Funktion f auch n-fach differenzierbar.

Beispiel:

$$f(x) = x^3 + x^2 + 4 \Rightarrow f' = 3x^2 + 2x \Rightarrow f'' = 6x + 2 \Rightarrow f''' = 6 \tag{4.41}$$

---

Hinweis zur Notation: es gibt verschiedene Schreibweisen für Ableitungen. Während in der Schule meist nur die Schreibweise mit dem Strich verwandt wird, liegt der Schwerpunkt im Studium bei der sogenannten Operatorenschreibweise

$$f' = \frac{df}{dx}. \tag{4.42}$$

Wichtig ist, dass „d" keine Variable ist, sondern zum Operator der Form d/dx gehört.

Das bedeutet, der Ausdruck rechts vom Operator wird nach x abgeleitet. Dies ist wichtig, wenn im Studium auch mehrere Variable auftauchen. Dann muss man zwischen den Variablen unterscheiden können, nach denen abgeleitet wird.

Eine Ableitung nach der Zeit (wichtig für z. B. Physik Anwendungen) lautet also

$$\frac{df}{dt} = \dot{f}. \tag{4.43}$$

In der Physik ist es üblich, Zeitableitungen mit einem Punkt zu kennzeichnen.

Es gibt weitere Eigenschaften von Funktionen, die für eine Kurvendiskussion wichtig sind.

---

**Definition**

Eine Nullstelle

$$x_0 \in \mathbb{R} \tag{4.44}$$

der Ableitung einer Funktion f heißt eine kritische Stelle von f, es gilt also

$$f(x_0) = 0. \tag{4.45}$$

---

---

**Definition**

Ein Wert

$$x_0 \in \mathbb{R} \tag{4.46}$$

heißt lokales Extremum einer Funktion f, falls

$$f(x) < f(x_0) \quad \text{oder} \quad f(x) > f(x_0) \tag{4.47}$$

gilt.

Mit lokal ist gemeint, dass x in der Nähe von $x_0$ liegt, also sind sowohl x-Werte links als auch rechts von $x_0$ damit gemeint.

---

**Definition**

Notwendige Bedingung für ein lokales Extremum:
die Funktion f besitze in $x_0$ eine lokale Extremstelle. Dann gilt

$$f'(x_0) = 0 \tag{4.48}$$

d. h. $x_0$ ist eine kritische Stelle von f.

Eine notwendige Bedingung bedeutet in der Mathematik, dass die Umkehrung im Allgemeinen nicht gilt.

---

**Definition**

Hinreichende Bedingung für lokale Extrema:
Die Funktion f besitze in $x_0$ eine kritische Stelle, d. h. die erste Ableitung verschwindet. Dann ist $x_0$ ein
- lokales Maximum, falls

$$f''(x_0) < 0 \tag{4.49}$$

- lokales Minimum, falls

$$f''(x_0) > 0 \tag{4.50}$$

gilt.

Hinweis: der Ausdruck „notwendige und hinreichende Bedingung" bedeutet, dass die Schlussfolgerung in beide Richtungen möglich ist.

Wenn aus der Aussage A die Aussage b folgt, dann ist A hinreichend für die Wahrheit von B.

Anmerkung: In der Schule wird der Bedingung, in welche Richtung Schlussfolgerungen möglich sind, wahrscheinlich keine große Bedeutung beigemessen. Dies ist im Studium anders. Die Richtung der Schlussfolgerung spielt eine große Rolle, insbesondere bei Beweisen.

Zusätzlich zu Extrema interessieren auch die Krümmungsverläufe von Funktionen.

---

**Definition**

Eine Funktion f heißt **konvex** in einem Intervall

$$[a,b] \in D \tag{4.51}$$

falls der Graf **unterhalb** jeder Sekante zwischen a und b liegt.
Eine Funktion f heißt **konkav** im gleichen Intervall, falls der Graf oberhalb jeder Sekante zwischen a und b liegt.

Ein Wert im gleichen Intervall heißt Wendepunkt von f, falls für ein positives kleines δ

$$f \in [x_0 - \delta, x_0] \text{ konvex, und } f \in [x_0 + \delta, x_0] \text{ konkav ist,} \tag{4.52}$$

oder

$$f \in [x_0 - \delta, x_0] \text{ konkav, und } f \in [x_0 + \delta, x_0] \text{ konkav ist.} \tag{4.53}$$

---

Umgangssprachlich sagt man auch, eine Oberfläche ist konkav, wenn sie wie ein lokaler Hügel ausschaut, ist konvex, wenn sie wie eine lokale Mulde ausschaut (■ Abb. 4.9). Bei dieser Sprechweise muss man allerdings in Richtung größer werdender x Werte schauen.

Als Beispiel (■ Abb. 4.10) für diese Definitionen betrachten wir den Grafen der Funktion

$$f(x) = \frac{x^4}{4} - \frac{2x^3}{3} - \frac{x^2}{2} + 2x. \tag{4.54}$$

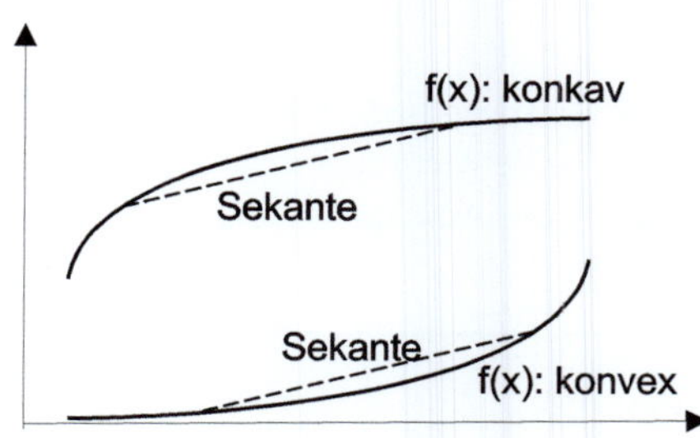


■ **Abb. 4.9**    Skizze: konkave, konvexe Funktion f(x)

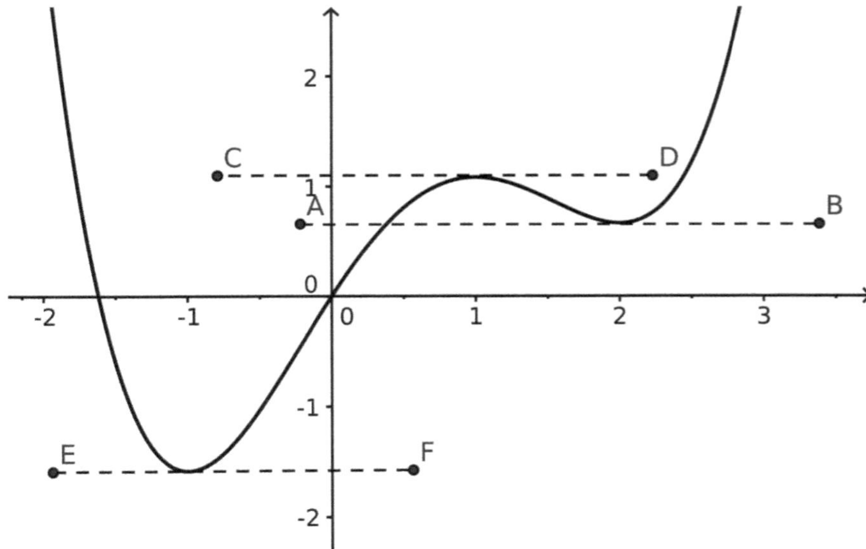

**◘ Abb. 4.10**    Extremstellen der Funktion f(x)

Bei x = 0 gibt es offensichtlich eine Nullstelle. Die erste Ableitung lautet

$$f'(x) = x^3 - 2x^2 - x + 2. \tag{4.55}$$

Daraus folgt für die Extremstellen

$$f'(-1) = f'(1) = f'(2) = 0. \tag{4.56}$$

Bei x = −1 (Tangente EF) und x = 2 (Tangente AB) gibt es Minima, wobei das Minimum bei x = −1 ein globales ist, denn die Funktion geht für sehr kleine und sehr große x-Werte gegen + unendlich.

Bei x = 2 ist das Minimum ein lokales Minimum, die Minimum Eigenschaft gilt also nur für die lokale x-Umgebung um die Nullstelle.

Bei x = +1 (Tangente CD) gibt es ein lokales Maximum, kein globales, wie aus dem Kurvenverlauf ersichtlich ist.

Dies kann man auch rechnerisch ermitteln. Die zweite Ableitung der Funktion f lautet

$$f''(x) = 3x^2 - 4x - 1. \tag{4.57}$$

Daraus folgt

$$\begin{aligned} f''(-1) &= 6 > 0 \\ f''(1) &= -2 < 0. \\ f''(2) &= 3 > 0 \end{aligned} \tag{4.58}$$

Für die Berechnung von Wendepunkten ist die dritte Ableitung von Bedeutung. Diese Ableitung lautet

$$f'''(x) = 6x - 4. \tag{4.59}$$

An Wendepunkten verschwindet die zweite Ableitung, und die dritte Ableitung ist ungleich Null.

Die Nullstellen der zweiten Ableitung lauten (nach Anwendung der p-q Formel)

$$x_1 = 1,55 \text{ und } x_2 = -0,22. \tag{4.60}$$

An beiden Stellen ist die dritte Ableitung ungleich Null, denn es gilt

$$f''(x_1) = 5,3 \neq 0 \text{ und } f''(x_2) = -5,3 \neq 0. \tag{4.61}$$

Damit sind die Wendepunkte bestimmt. Links (also für kleinere x-Werte als $x_2$) ist die Kurve konvex, rechts (also für größere Werte als $x_2$) ist die Kurve konkav. Die Beschreibung des Kurvenverlaufs in der Umgebung von $x_1$ sei dem Leser als Übung überlassen.

Wir gehen als Beispiel zur Übung aller oben eingeführter Begriffe noch einmal für die folgende Funktion die Werte aller Ableitungen durch (◘ Abb. 4.11). Wir diskutieren die Funktion

$$f : \mathbb{R} \to \mathbb{R} \text{ mit } f(x) = \frac{x^3}{2} - 3x^2 + 5x. \tag{4.62}$$

Diese Funktion ist (da es ein Polynom ist) stetig und mehrfach differenzierbar, es gibt keine Stellen im Bereich der reellen Zahlen, an denen die Funktion nicht definiert ist.

Die Ableitungen lauten

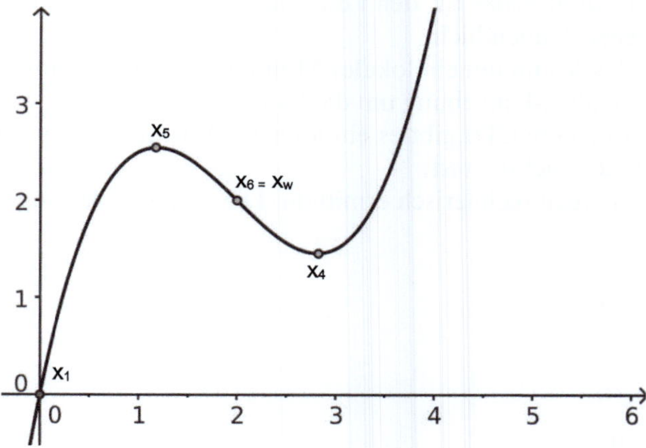


◘ **Abb. 4.11**  Verlauf der Funktion $f(x) = \dfrac{x^3}{2} - 3x^2 + 5x$

$$f'(x) = \frac{3}{2}x^2 - 6x + 5 \text{ und } f''(x) = 3x - 6. \tag{4.63}$$

Alle Ableitungen größer als 3 sind bei einem Polynom dritter Ordnung natürlich Null.

Die erste Nullstelle ist offensichtlich, da es keine konstanten Terme gibt. Bei $x_1 = 0$ hat die Funktion eine Nullstelle. Nach Ausklammern von x (also im Prinzip eine Linearfaktorzerlegung) verbleibt ein quadratisches Polynom

$$f(x) = x \cdot \left( \frac{x^2}{2} - 3x + 5 \right). \tag{4.64}$$

Die Nullstellen lauten

$$x_{2,3} = 3 \pm \sqrt{(9-10)} = 3 \pm \sqrt{(-1)}. \tag{4.65}$$

Im Reellen gibt es also keine Lösung mit der p-q Formel, das bedeutet, die Funktion (die nur im Reellen definiert ist) hat nur eine Nullstelle, nämlich die offensichtliche bei $x_1 = 0$.

Die Nullstellen der ersten Ableitung erhalten wir auch über die p-q Formel als

$$x_4 = 2 + \frac{\sqrt{6}}{3} \sim 2,8 \text{ und } x_5 = 2 - \frac{\sqrt{6}}{3} \sim 1,2. \tag{4.66}$$

Eingesetzt in die zweite und dritte Ableitung folgt für diese Werte

$$\begin{matrix} f''(2,8) = 2,4 \\ f''(1,2) = -2,4 \end{matrix} \text{ und } \begin{matrix} f'''(2,8) = 3 \neq 0 \\ f'''(1,2) = 3 \neq 0 \end{matrix}. \tag{4.67}$$

Das bedeutet, es gibt bei $x_4$ ein lokales Minimum und bei $x_5$ ein lokales Maximum.

Die dritte Ableitung ist konstant und ungleich Null, daher sind alle Nullstellen der zweiten Ableitung automatisch Wendepunkte. Die Nullstelle der zweiten Ableitung ist

$$f''(x_w) = 0 \Rightarrow x_w = 2. \tag{4.68}$$

Es gibt also nur einen Wendepunkt, da die zweite Ableitung eine lineare Funktion ist.

Die Bestimmung von Koeffizienten einer Funktion bei gegebenen Wendepunkten und Maxima zeigt das Lernvideo in (■ Abb. 4.12).

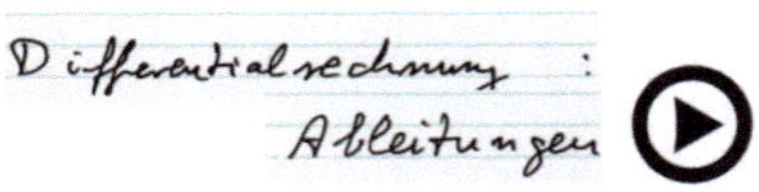

■ **Abb. 4.12**   Lernvideo: Differenzialrechnung: Ableitungen. (▶ https://doi.org/10.1007/000-gzq)

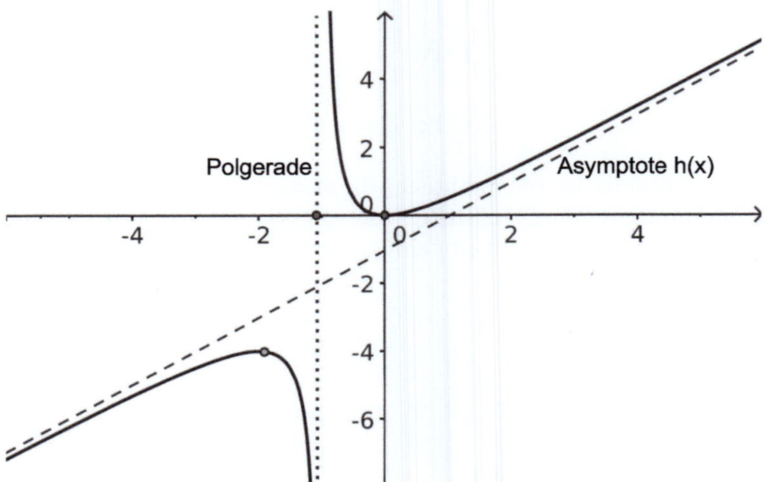



**▣ Abb. 4.13**   Kurvendiskussion

Bei Polynomen wird das Verhalten einer Funktion für große oder kleine x vom Verhalten des führenden Potenzterms bestimmt. Da dieser ungerade ist, strebt die Funktion für negative x-Werte gegen – unendlich und für positive x-Werte gegen + unendlich.

Bei gebrochen rationalen Funktionen ist die Untersuchung etwas aufwändiger, da es auch Nullstellen von Nennern geben kann.

Wir betrachten daher als abschließendes Beispiel (▣ Abb. 4.13) zur Kurvendiskussion die Funktion

$$f(x) = \frac{x^2}{x+1}. \tag{4.69}$$

Bei einer gebrochen rationalen Funktion müssen die Nullstellen des Nenners vom Definitionsbereich ausgeschlossen werden. Es gilt also

$$D = \mathbb{R} \setminus \{-1\}. \tag{4.70}$$

Da im Zähler ein quadratisches Polynom und im Nenner ein lineares Polynom steht, ist der Vergleich der Funktion f(x) mit f(-x) interessant. Dies liefert Hinweise zu möglichen Symmetrien.

$$f(-x) = \frac{(-x)^2}{-x+1} = \frac{x^2}{-x+1} \neq \begin{cases} \dfrac{x^2}{x+1} = f(x) \\[2mm] \dfrac{-x^2}{x+1} = -f(x) \end{cases}. \tag{4.71}$$

Es gibt also keine Symmetrien bei dieser Funktion.

Im Grenzübergang zu sehr großen bzw. sehr kleinen x-Werten gilt

$$\lim_{x\to\pm\infty} f(x) = \lim_{x\to\pm\infty} \frac{x^2}{x+1} = \lim_{x\pm\to\infty} \left( x - 1 + \frac{1}{x+1} \right) = \lim_{x\to\pm\infty} (x-1). \qquad (4.72)$$

Damit liegt das Verhalten der Asymptote und des Funktionsverlaufes für große und kleine x-Werte fest.

Der zweite Term konvergiert bei großen bzw kleinen x Werten gegen Null, also ist die Funktion h die Asymptote

$$h(x) = x - 1. \qquad (4.73)$$

Die Nullstellen bei gebrochen rationalen Funktionen sind immer Nullstellen des Zählers. In diesem Fall liegt bei $x = 0$ eine doppelte Nullstelle vor. Die Funktion berührt den Ursprung nur, sie schneidet ihn nicht. Es kann keine weiteren Nullstellen geben, da die führende Potenz nur von zweiter Ordnung ist.

Zur vollständigen Beschreibung der Extremstellen benötigen wir die ersten drei Ableitungen. Diese lauten

$$f'(x) = \frac{x(x+2)}{(x+2)^2} \quad f''(x) = \frac{2}{(x+1)^3} \quad f'''(x) = \frac{-6}{(x+1)^4}. \qquad (4.74)$$

Bei $x_1 = 0$ und $x_2 = -2$ gibt es Nullstellen der ersten Ableitung. Für die zweiten Ableitungen gilt dort

$$\begin{aligned} f''(0) &= 2 > 0 \,\text{Minimalstelle} \\ f''(-2) &= -2 < 0 \,\text{Maximalstelle} \end{aligned} \qquad (4.75)$$

Wir setzen die x-Werte der Extremstellen in die Funktionen ein, und erhalten so die Funktionswerte

$$f(0) = 0 \quad f(-2) = -4. \qquad (4.76)$$

Wendepunkte sind Nullstellen der zweiten Ableitung, diese Nullstellen existieren für diese Funktion aber nicht. Es gibt also keine Wendepunkte.

Ohne Benutzung eines Taschenrechners ist es möglich, den Verlauf der Funktion für alle Quadranten qualitativ zu zeichnen. Dies geschieht durch Eintragen der Extremstellen und durch Eintragen der Asymptote.

Diese Übung, den Verlauf einer Funktion qualitativ ohne Hilfsmittel zu bestimmen, ist sehr hilfreich. Damit gewinnt man eine gewisse Sicherheit bei der Vorhersage des Verhaltens von Funktionen. Man kann schnell die Ergebnisse von Taschenrechnern auf Plausibilität prüfen. Dies ist genauso sinnvoll, wie das Durchführen von Überschlagsrechnungen bei Zahlenoperationen. Damit kann man Flüchtigkeitsfehler schnell entdecken.

Da die Funktion bei $x = -1$ eine Polstelle hat, muss dies bei der Angabe des Bildbereiches berücksichtigt werden. Für den Bildbereich von f gilt also

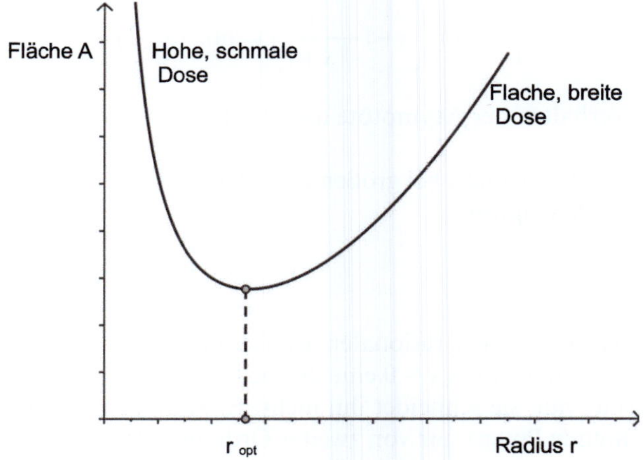


**Abb. 4.14**    Die optimale (flächenminimierte) Dose

$$f(D) = \{ f(x) \in \mathbb{R} \mid -\infty < f(x) \leq -4 \quad \text{oder} \quad 0 < f(x) < +\infty \}. \tag{4.77}$$

Damit endet die Kurvendiskussion, die in der Schule oft rezeptartig verläuft. Im Studium ist jedoch nur das Verhalten von Funktionen an bestimmten interessierenden Stellen gefragt.

Das Verschwinden von ersten Ableitungen spielt auch eine große Rolle bei sogenannten Extremwertaufgaben. In der beruflichen Praxis ist das Optimieren von bestimmten Größen (z. B. optimieren von Materialmengen für die Produktherstellung) oft sehr wichtig. Um dieses Optimum, also das z. B. das Minimum des Materialverbauchs, zu finden, muss man häufig das Verschwinden von ersten Ableitungen untersuchen.

Das Vorgehen bei Extremwertaufgaben enthält zwei Schritte:

Schritt 1: Es gibt eine konstante Randbedingung, z. B. die Vorgabe eines bestimmten Volumens eines Körpers, oder eine bestimmte mathematische Größe.

Schritt 2: Es gibt eine Zielfunktion, deren Optimum gesucht wird. Das Optimum kann sowohl ein Minimum oder Maximum der Zielfunktion sein. In jedem Fall wird die Ableitung der Zielfunktion für diese Optimierung benötigt.

Beispiel: die optimale Dose (■ Abb. 4.14)

Eine runde zylindrische Dose habe ein Volumen von genau einem Liter. Wie ist das Verhältnis von Radius der Grundfläche zur Höhe der Dose zu wählen, um möglichst wenig Blech beim Herstellen der Dose zu verbrauchen. Überlappungen der Kanten zwischen den Teilen, aus denen die Dose hergestellt wird, werden hier vernachlässigt.

Die Randbedingung für diese Dose mit Radius r (der Grundfläche) und Höhe h (des zylindrischen Teils) lautet

$$V = \pi \cdot r^2 \cdot h = 0,001 m^3. \tag{4.78}$$

Die Zielfunktion ist die Oberfläche, denn diese entspricht dem Materialverbrauch.

Fläche von Deckel und Boden $\quad A = 2 \cdot \pi r^2$
Mantelfläche
(zylindrischer Teil) $\qquad\qquad A = 2\pi r h$

(4.79)

Um die Zielfunktion als Funktion von nur einer Variablen darzustellen, muss die Randbedingung in die Zielfunktion eingesetzt werden. Die Variable Höhe wird durch das bekannte Volumen und die Grundfläche ausgedrückt. Damit lautet die Zielfunktion

$$h = \frac{0,001}{\pi r^2}$$

$$A(r) = 2 \cdot \pi r^2 + 2\pi r \frac{0,001}{\pi r^2} = 2\left\{\pi r^2 + \frac{0,001}{r}\right\}.$$

(4.80)

Gesucht ist ein Minimum der Oberfläche A, dazu wird die erste Ableitung berechnet.

Das Verschwinden der ersten Ableitung liefert den optimalen Radius. Die Höhe h folgt dann aus der Nebenbedingung.

$$A'(r) = 4\pi r - \frac{2 \cdot 0,001}{r^2}$$

$$A'(r_{opt}) = 0 \Rightarrow 4\pi r_{opt}^3 - 0,002 = 0$$

$$r_{opt} = \sqrt[3]{\frac{0,002}{4\pi}} = 0,054 m$$

$$h_{opt} = 0,109 m$$

(4.81)

Um die vielseitige Anwendbarkeit dieser Methode zu verdeutlichen, betrachten wir ein weiteres Beispiel mit einer geometrischen Fragestellung.

Gesucht ist ein eingeschriebenes Rechteck (▣ Abb. 4.15), das sich in einem Halbkreis mit Radius r befindet. Die Rechteckfläche ist zu maximieren. Der Radius ist konstant und gegeben.

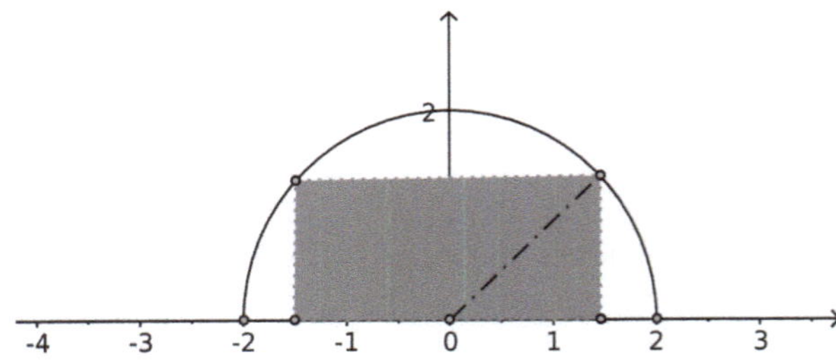

▣ **Abb. 4.15**  In einen Halbkreis eingeschriebenes Rechteck

Die Randbedingung liefert einen Zusammenhang zwischen der kurzen Seitenlänge des Rechtecks und dem Punkt auf dem Halbkreis.

$$\text{Randbedingung Seitenlänge}\atop\text{Höhe} \qquad \sqrt{\left(r^2-x^2\right)}=\sqrt{\left(4-x^2\right)} \tag{4.82}$$

$$\text{Zielfunktion} \qquad \text{Fläche } A(x)=2x\cdot\sqrt{\left(4-x^2\right)}$$

Das Verschwinden der ersten Ableitung der Flächenfunktion liefert die optimale Seitenlänge in x-Richtung.

$$A'(x)=\frac{-2x^2}{\sqrt{\left(4-x^2\right)}}+2\sqrt{\left(4-x^2\right)}$$

$$A'(x_{opt})=0 \Rightarrow \frac{-2x^2}{\sqrt{\left(4-x^2\right)}}+2\sqrt{\left(4-x^2\right)}=0 \tag{4.83}$$

$$-2x^2+2\left(4-x^2\right)=0$$

$$8-4x^2=0$$

$$x=\pm\sqrt{(2)}$$

Nur eine positive Seitenlänge macht Sinn, daher liefert nur die positive Wurzel die optimale Seitenlänge der langen Seite.

$$\text{Seitenlänge } 2\cdot\sqrt{(2)}$$

$$\text{Höhe } \sqrt{\left(4-x^2\right)}=\sqrt{(2)} \tag{4.84}$$

$$\text{Fläche des optimalen Rechtecks } A=x\cdot y=2\sqrt{(2)}\cdot\sqrt{(2)}=4$$

■ **In aller Kürze**

— Bedeutung der Ableitungen zur Beschreibung von Extremstellen.

— Unterschied zwischen Differenzen- und Differenzialquotient.

— Anwendung der Ableitungen bei Kurvendiskussionen.

■ **Ausblick**

Wir haben uns hier auf Funktionen mit einer Variablen beschränkt. In vielen Gebieten (z. B. der dreidimensionale Raum bei Themen aus der Physik) gibt es jedoch Funktionen von allen Raum- und Zeitkoordinaten. Dies ist Gegenstand von Vorlesungen.

Bei der Kurvendiskussion ging es hier nur um Funktionen, die von x abhingen. Davon wurden Ableitungen bestimmt. Darauf aufbauend gibt es Differenzialgleichungen, also Gleichungen, bei denen die Ableitung einer Funktion von dieser Funktion abhängt.

Das einfachste Beispiel wäre die Gleichung

$$f'(x) = f(x) \text{ mit Randbedingung } f(0) = 1 \tag{4.85}$$

Diese Gleichung lässt sich durch die e-Funktion lösen, ein Beispiel, das häufig in Vorlesungen behandelt wird.

In diesem umfangreichen Gebiet der Differenzialgleichungen geht es also um die Beschreibung der Abhängigkeit der Funktionswerte von der Ableitung dieser Funktion. Falls die Funktion von mehreren unabhängigen Variablen abhängt, entstehen dann sogenannte partielle Differenzialgleichungen. Diese Gleichungen sind oft nicht mehr analytisch (also geschlossen) lösbar. Dann müssen numerische Integrationsmethoden angewandt werden. Bei dieser Fragestellung ist es wichtig, ob es sich um lineare oder nicht lineare Differenzialgleichungen handelt. Bei nicht-linearen Differenzialgleichungen gibt es Potenzen der ersten und (oft) höheren Ableitungen nach mehreren Variablen. Dies macht die Integration entsprechend komplex.

Neben der Klassifikation nach Linearität und Nichtlinearität gibt es weitere Größen zur Klassifizierung. Man unterscheidet zwischen Anfangswert- und Randwertproblemen. Man bezieht sich dabei auf die Frage, ob die Bedingungen zur Lösung von Differenzialgleichungen am Rand des gesamten Integrationsgebietes vorgegeben sind, oder ob diese nur in einem eingeschränkten Bereich bekannt sind. Ein Beispiel soll dies verdeutlichen.

Bei der Beschreibung des Schwingungsverhaltens eines dreidimensionalen Problems liegt ein Randwertproblem vor. Dies könnte z. B. die Schwingung der Oberfläche eines Fluids sein, welches sich in einem oben offenen Behälter befindet, der von außen zu Schwingungen angeregt wird.

Ein weiteres Beispiel: wenn ein Ventil in einem Rohr geöffnet wird, und die Ausbreitung eines Gases durch das Rohr beschrieben werden soll, handelt es sich um ein Anfangswertproblem. Das Ventil wird ja zu einem bestimmten Zeitpunkt geöffnet, dies ist der Zustand des Systems am Anfang.

■ **Aufgaben und Verständnisfragen**

**4.1**

In welchen Intervallen sind die folgenden Funktionen definiert, wo sind sie differenzierbar?

$$a)\, f(x) = a \cdot \left(x^2\right)^{\frac{-1}{3}}$$
$$b)\, f(x) = x^n \cdot a^x \quad a > 0 \tag{4.86}$$
$$c)\, \frac{x^4 - 1}{x^2 - 1}$$

**4.2**

Welche der folgenden Aussagen sind wahr?

a)  Die Funktion $e^x$ ist stetig.

b)  Die Funktion

$$f(x) = \left|(x)\right| \tag{4.87}$$

ist differenzierbar bei x = 0.

c)  Die Funktion f ist differenzierbar in a, wenn folgendes gilt

$$\lim_{x \to a} f(x) = f(a) \tag{4.88}$$

**4.3**

Berechnen Sie die erste Ableitung.

$$a)\, f(x) = 3 - x^2 + 7\sqrt[3]{x}, \qquad x > 0$$

$$b)\, f(x) = (1 - x)\left(x^2 + 6x + 8\right)$$

$$c)\, f(x) = 2 \cdot \ln(x) - 3e^x + \frac{5}{x}, \qquad x > 0 \tag{4.89}$$

$$d)\, f(x) = \left(x^2 - 1\right)e^x$$

$$e)\, f(x) = \ln\frac{(x)}{x}, \qquad x > 0$$

**4.4**

Berechnen Sie die zweite Ableitung.

$$a)\, f(x) = \ln\left(\frac{x}{x+1}\right), \qquad x < -1 \tag{4.90}$$

$$b)\, f(x) = \sin^2(3x)$$

**4.5**

Führen Sie eine Kurvendiskussion durch (Nullstellen der Funktion, Extremwerte, Wendepunkte, Definitionsbereich).

$$f(x) = \frac{x^2 + 5x + 22}{x - 2} \tag{4.91}$$

**4.6**

Es soll ein zylindrisches Gefäß (oben offen) von 10 Liter Inhalt gebaut werden. Wie sind die Größen Durchmesser und Höhe zu wählen, damit möglichst wenig Material verbaut wird. Der Zylinder ist idealisiert, es gibt keine Materialüberhänge (also keine überlappenden Kanten).

**4.7**

Betrachten Sie den Graph der Funktion f.

$$f(x) = -x^4 - \frac{7}{2}x^3 + \frac{3}{2}x^2 + \frac{21}{2}x \tag{4.92}$$

Welche Extremstellen sind lokale, welche globale Extremstellen?

4.8

Wie verhält sich die gebrochen rationale Funktion in der Nähe von Nullstellen des Nenners? Welche Werte nimmt f ein, wenn x sich von links bzw. von rechts an diese Nullstellen annähert?

$$f(x) = \frac{x^3 - x + 1}{x^2 + x - 2} \tag{4.93}$$

4.9

Wie verhält sich die Funktion f im Unendlichen?

$$f(x) = \frac{x^2}{x+1}, \qquad x \to \pm\infty \qquad x \in \mathbb{R} \setminus \{-1\} \tag{4.94}$$

Führen Sie dazu eine Polynomdivision durch, um zu ermitteln, gegen welche Werte f strebt, wenn x sehr groß bzw. sehr klein ist.

## Literatur

Ruhrländer M (2019) Brückenkurs Mathematik. Kap. 5, 2. Aufl. Pearson Deutschland Verlag, Hallbergmoos

Thomas GB, Weir MD, Hass J (2013) Basisbuch Analysis. Kap 3, 12. Aufl. Pearson Deutschland Verlag, Hallbergmoos

# Integralrechnung

## Inhaltsverzeichnis



**Ergänzende Information** Die elektronische Version dieses Kapitels enthält Zusatzmaterial, auf das über folgenden Link zugegriffen werden kann [https://doi.org/10.1007/978-3-658-48666-2_5]. Die Videos lassen sich durch Anklicken des DOI-Links in der Legende einer entsprechenden Abbildung abspielen, oder indem Sie diesen Link mit der SN More Media App scannen.

Für die Integralrechnung gibt es einen anschaulichen und einen weniger anschaulichen Zugang. Der Ausgangspunkt, also die Motivation der Integralrechnung, war die Berechnung von Flächen, die von gekrümmten Kurven begrenzt sind. Dies ist die anschauliche Vorgehensweise.

Im Gegensatz zur Differenzialrechnung, bei der es um die Berechnung von Ableitungen, also um den Quotienten sehr kleiner Differenzen geht, adressiert die Integralrechnung globale Größen, nämlich z. B. Flächen zwischen Kurven und Koordinatenachsen.

Mit dem Hauptsatz der Differenzial- und Integralrechnung wird eine Brücke zur Differenzialrechnung hergestellt. Dieser Aspekt ist mit dem Begriff Stammfunktion verknüpft.

Das Integrieren ist also die Umkehrung des Differenzierens. Daher gibt es viele Anwendungen der Integraltechniken. Die Lösung von Differenzialgleichungen (häufige Fragestellung in Natur und Technik) ist mit einer Integration verknüpft.

### Lernziele
- Die riemannschen Summen als Methode zur Flächenberechnung.
- Integralrechnung als Umkehrung der Differenzialrechnung.
- Hauptsatz der Differenzial- und Integralrechnung.
- Die Stammfunktionen wichtiger Funktionen.

### ■ Flächenberechnung

In der Schule wählt man häufig den anschaulichen Weg und betrachtet die Integralrechnung als eine Methode zur Berechnung von Flächen, die (unter Umständen) von gekrümmten Funktionsverläufen eingeschlossen werden. Mit Flächeninhalt ist in der Mathematik der orientierte Flächeninhalt gemeint, das Vorzeichen einer Fläche spielt also eine Rolle.

Am Beispiel der Sinusfunktion

ist klar, dass zwischen den x-Werten von Null bis $\pi$ die Sinusfunktionen mit der x-Achse eine positive Fläche begrenzt. Zwischen $\pi$ und $2\pi$ ist diese (orientierte) Fläche jedoch negativ und betragsmäßig gleich groß wie die positive Fläche. Die orientierte Fläche (grau in ◘ Abb. 5.1) ist also Null.

Der zweite Zugang zur Integralrechnung ist ein rein rechnerischer und hängt mit der Entdeckung zusammen, dass die Integralrechnung die Umkehrung der Differenzialrechnung ist. Dies führt zum Begriff der Stammfunktion.

Wir wiederholen kurz die Berechnung von Flächeninhalten, wie sie in der Schule schwerpunktmäßig unterrichtet wird.

◘ **Abb. 5.1**  Sinusfunktion, eingeschlossene Flächen mit der Abszisse

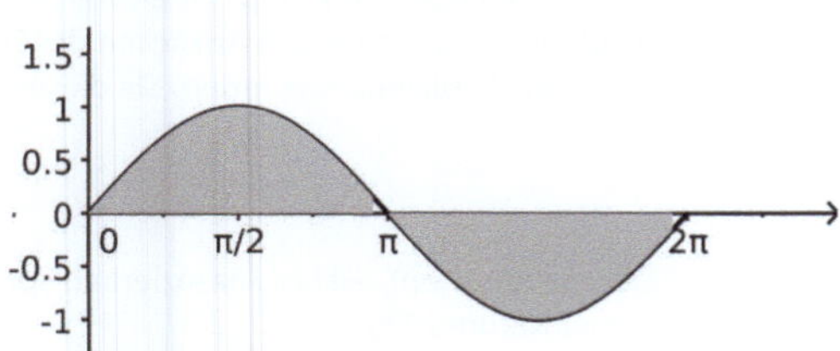

Zur Berechnung der Fläche zwischen einer gekrümmten Kurve (deren Funktion nicht bekannt sein muss) und der x-Achse wird die Fläche durch eine Rechteckanordnung approximiert. Abb. 5.2 zeigt die gesuchte Fläche vor dieser Approximation

Die gesuchte Fläche wird also durch die x-Achse, die Funktionskurve von f, und durch die beiden Intervallgrenzen a und b gebildet.

Wir zerlegen das Intervall [a,b] in Teilintervalle, um den Verlauf der Funktion möglichst gut durch Rechtecke zu approximieren. Als Funktionswert für diese Zerlegung in Teilintervalle benutzen wir den größeren Funktionswert je Teilintervall (Abb. 5.3), und bezeichnen diese Zerlegung mit $Z_o$.

Analog konstruieren wir eine Zerlegung, bei der je Teilintervall der kleinere Funktionswert (Abb. 5.4) benutzt wird, und nennen diese Zerlegung $Z_u$.

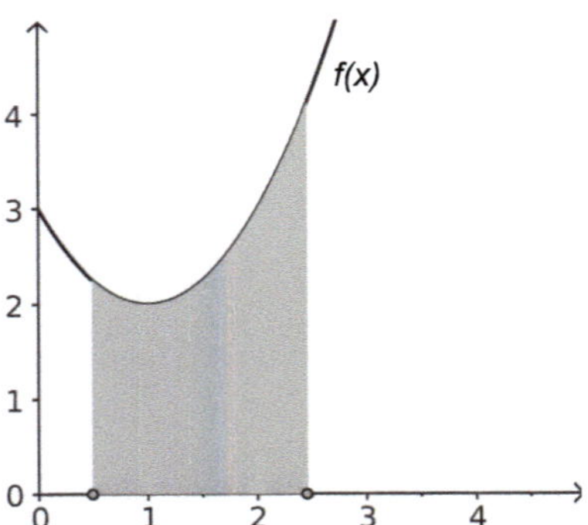


**Abb. 5.2** Zwischen Funktion f(x) und x-Achse eingeschlossene Fläche

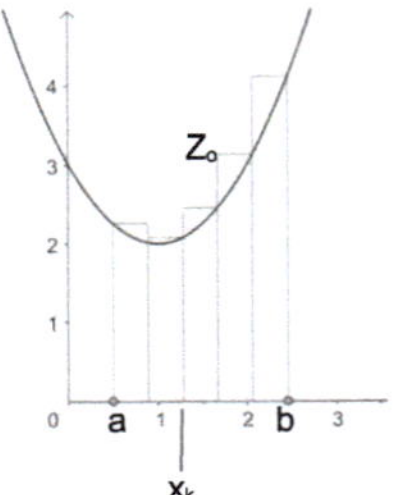


**Abb. 5.3** Flächenapproximation mit „oberer" Zerlegung $Z_o$.

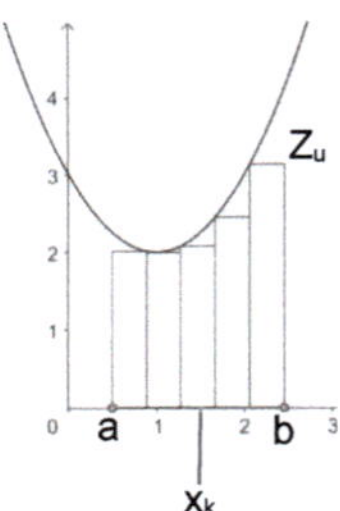


**Abb. 5.4** Flächenapproximation mit „unterer" Zerlegung $Z_u$

$$Z_u(k) = min\{f(x) : x \in I_k\} \text{ und } Z_o(k) = max\{f(x) : x \in I_k\} \qquad (5.1)$$

Mit diesen beiden Zerlegungen (also Konstruktionen von Rechteckanordnungen) können wir je eine Ober- und Untersumme bilden, um den Flächeninhalt zu approximieren.

$$S_o = (f, Z_o) = \sum Z_o(k) \cdot (x_k - x_{k-1}) \quad S_u = (f, Z_u) = \sum Z_u(k) \cdot (x_k - x_{k-1}) \quad (5.2)$$

Anschaulich ist klar, dass der gesuchte Flächeninhalt zwischen diesen beiden Summen liegt.

Wir wählen daher in jedem Teilintervall einen Zwischenwert innerhalb des Teilintervalls und definieren damit eine weitere Zerlegung.

$$\xi = \{\xi_1, \xi_2, \ldots\} \text{ mit } \xi_k \in I_k = [x_{k-1}, x_k] \qquad (5.3)$$

---

**Definition**

Wir wählen in jedem Teilintervall eine Zwischenstelle $\xi_k$ und bilden die Summe S

$$S = \Sigma(f, Z, \xi) = \sum f(\xi) \cdot (x_k - x_{k-1}) \qquad (5.4)$$

Diese Summe heißt riemannsche Summe von f zur Zerlegung Z. Es gilt

$$S_o < S < S_u. \qquad (5.5)$$

Mit schmaleren Rechteckstreifen (also größere n) wird die Zerlegung immer feiner, dann gilt für die Streifenbreite

$$\Delta(x_k - x_{k-1}) = \frac{(b-a)}{n} \quad \forall k. \qquad (5.6)$$

Wenn die Grenzwerte bei immer feineren Zerlegungen existieren und gleich sind, dann ist dieser Grenzwert der gesuchte Flächeninhalt.

$$\lim_{n \to \infty} S_u < \lim_{n \to \infty} S < \lim_{n \to \infty} S_o \qquad (5.7)$$

---

Wir kommen damit zum Riemann Integral. Dies ist wichtig zu erwähnen, da es noch andere Integrale gibt, die aber in der Schule (im Gegensatz zum Studium) keine Rolle spielen.

---

**Definition**

Die beschränkte Funktion f heißt im Intervall I = [a,b] integrierbar, wenn der Grenzwert aller Ober- und Untersummen mit der riemannschen Summe in diesem Intervall übereinstimmt. Dieser Grenzwert ist das riemannsche Integral von f im Intervall I und wird durch das Integralsymbol dargestellt.

$$\lim_{n \to \infty} S = \int_a^b f(x)\,dx \qquad (5.8)$$

Die Funktion f heißt in diesem Zusammenhang auch Integrand.

---

Bis jetzt hatten wir beim Intervall a < b vorausgesetzt. Es hat sich als praktisch erwiesen, bei den Intervallgrenzen auch a > b und a = b bei der Integralberechnung zuzulassen. Es gilt damit

$$\int_a^a f\,dx = 0 \quad \text{und} \quad \int_a^b f\,dx = -\int_b^a f\,dx. \qquad (5.9)$$

Die Berechnung von derartigen Summen kann mühsam sein, und daher ist der zweite Zugang zur Integralrechnung wesentlich effizienter. Dazu benötigen wir den Begriff der Stammfunktion.

**Stammfunktion**

---

**Definition**

Falls zu einer Funktion

$$f : \mathbb{R} \to \mathbb{R} \text{ eine Funktion F mit } F : \mathbb{R} \to \mathbb{R} \qquad (5.10)$$

existiert, und diese die Eigenschaft

$$F' = f \qquad (5.11)$$

hat, so heißt F Stammfunktion zu f.

---

Man sagt umgangssprachlich auch, die Stammfunktion ist die Aufleitung von f, um den Zusammenhang mit der Differenzialrechnung zu verdeutlichen.

Auf Basis der Stammfunktion entwickelten Newton und Leibniz (unabhängig voneinander) die Integralrechnung und ermöglichten damit eine einfachere Berechnung von orientierten Flächen als mit der riemannschen Summenformel.

---

**Definition**

Sei die Funktion f mit

$$f:[a,b] \to \mathbb{R} \tag{5.12}$$

stetig und F eine Stammfunktion von f. Dann ist

$$\int_a^b f(x)\,dx = F(b) - F(a). \tag{5.13}$$

Dies wird (in etwas unterschiedlichen Formulierungen) auch als **Hauptsatz der Differenzial und Integralrechnung** bezeichnet.

Die Differenz der Stammfunktionen an den Intervallgrenzen a und b wird manchmal auch geschrieben als

$$F(b) - F(a) = \left[ F(x) \right]_a^b. \tag{5.14}$$

---

Integrale zwischen gegebenen Grenzen a und b nennt man bestimmte Integrale. Es gibt aber auch unbestimmte Integrale.

---

**Definition**

Sei F eine Stammfunktion von f. Dann ist

$$F' = f \text{ und } F(x) = \int f(x)\,dx \tag{5.15}$$

das unbestimmte Integral von f. Die Integralrechnung ist also die Umkehrung der Differenzialrechnung.

Hinweis: Jede Konstante (z. B. C) addiert zu einer Stammfunktion erzeugt wieder eine Stammfunktion, denn mit H = F + C gilt

$$H' = \left(F + C\right)' = F' + C' = F' + 0 = F'. \tag{5.16}$$

Unbestimmte Integrale sind also nur bis auf eine Konstante bestimmbar.

---

Wir betrachten den Zusammenhang zwischen der Funktion f und deren Stammfunktion F für zwei einfache Beispiele.

Gesucht ist die Stammfunktion zur konstanten Funktion

$$f(x) = 1. \tag{5.17}$$

Gesucht ist also ein Ausdruck, der nach Ableitung die Ursprungsfunktion reproduziert. Dies ist sicherlich die Funktion

$$\begin{aligned} F(x) &= x \\ F'(x) &= 1 \end{aligned} \tag{5.18}$$

Wir betrachten Funktion f der Winkelhalbierende, die weiter unten auch im Zusammenhang mit den riemannschen Summen untersucht wird.

$$f(x) = x. \tag{5.19}$$

Als „Aufleitung" dieser Funktion könnte man (aus der Kenntnis der Differenzialrechnung) die quadratische Funktion

$$F(x) = x^2 \tag{5.20}$$

vermuten. Aber die Ableitung der Stammfunktion liefert für die Parabel einen Faktor zwei vor dem x.

Also ist die Aufleitung der Winkelhalbierenden mit einer „Korrektur" von 1/2 zu versehen.

Es gilt daher

$$\int x\,dx = F(x) = \frac{x^2}{2}. \tag{5.21}$$

Das Auffinden von Stammfunktionen über den Weg, die Ableitung einer vermuteten Stammfunktion zu „erraten", sollte immer rechnerisch überprüft werden. Die Ableitung der Stammfunktion muss exakt die Funktion f wiedergeben.

Die Integralrechnung ist daher für manche Integranden etwas schwieriger (zumindest für den Studienanfänger) als die Differenzialrechnung. Bei der Differenzialrechnung werden Ableitungsregeln auf bekannte Funktionen angewandt. Bei der Integralrechnung ist es unter Umständen erforderlich, eine Stammfunktion zu vermuten, und dann die Vermutung durch Ableitung der Stammfunktion zu verifizieren.

Es gelten folgende Rechenregeln für die Berechnung von bestimmten Integralen, die z. T. noch aus der Schule bekannt sein dürften.

Das Intervall [a,b] enthält die Zahl c und $\lambda$ ist eine Konstante.

$$\int (f + g) = \int f + \int g$$

$$\int (\lambda f) = \lambda \int f \tag{5.22}$$

$$\int_a^b f = \int_a^c f + \int_c^b f$$

Für elementare Funktionen enthält ◘ Tab. 5.1 einige Stammfunktionen, mit denen dann die Rechenregeln geübt werden können.

Um zu demonstrieren, dass die Berechnung von bestimmten Integralen auf Basis der riemannschen Summen zum gleichen Ergebnis führt, wie die Integration mit Stammfunktionen, gehen wir zwei Beispiele durch.

Sei f(x) = c eine konstante Funktion. ◘ Abb. 5.5 zeigt den sehr einfachen Verlauf dieser Funktion zwischen den Integrationsgrenzen a und b.

**□ Tab. 5.1** Stammfunktionen einiger wichtiger Funktionen

| Name der Funktion | Funktion f | Stammfunktion F | |
|---|---|---|---|
| Konstante Funktion | $a \in R$ | $a \cdot x + C$ | (5.23) |
| Potenzfunktionen | $x^a, a \neq -1$ | $\dfrac{x^{a+1}}{a+1} + C$ | (5.24) |
| | $\sqrt{(x)}$ | $\dfrac{2}{3} x^{\frac{3}{2}} + C$ | |
| | $\dfrac{1}{x}$ | $\ln|x| + C$ | |
| Trigonometrische Funktionen | $\sin(x)$ | $-\cos(x) + C$ | (5.25) |
| | $\cos(x)$ | $\sin(x) + C$ | |
| | $\tan(x)$ | $-\ln|\cos(x)| + C$ | |
| | $\cot(x)$ | $-\ln|\sin(x)| + C$ | |
| | $\dfrac{1}{\cos^2(x)}$ | $\tan(x) + C$ | |
| | $\dfrac{1}{\sin^2(x)}$ | $-\cot(x)$ | |

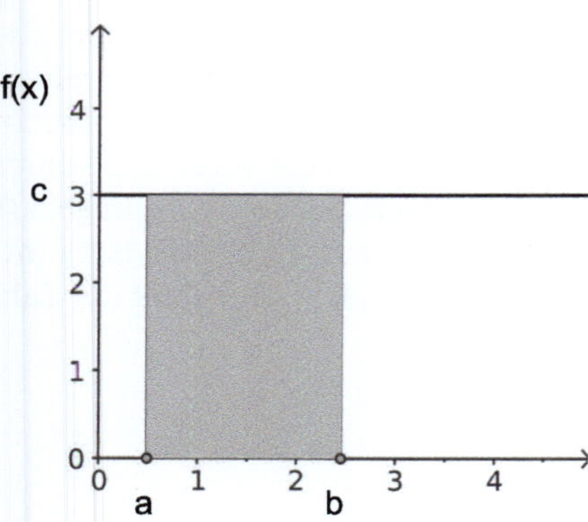


**□ Abb. 5.5** Fläche unter einer konstanten Funktion

Die riemanschen Summen über n Teilintervalle bestehen dann aus identischen kleinen Rechteckstreifen mit der Formel

$$S = \sum_{k}^{n} (f, Z, \xi) = \sum_{k}^{n} c \cdot (x_k - x_{k-1}) = c \cdot \sum_{k}^{n} (x_k - x_{k-1}). \tag{5.26}$$

Die Summierung ist unabhängig von der Konstanten c, diese lässt sich also vor das Summensymbol faktorisieren. Alle inneren Stützstellen tauchen mit verschiedenen Vorzeichen doppelt auf und nur die beiden x-Werte am Rand bleiben übrig. Die riemannsche Summe ist daher

■ **Abb. 5.6**  Fläche mit Rechteckapproximation unter der
Funktion $f(x) = x$

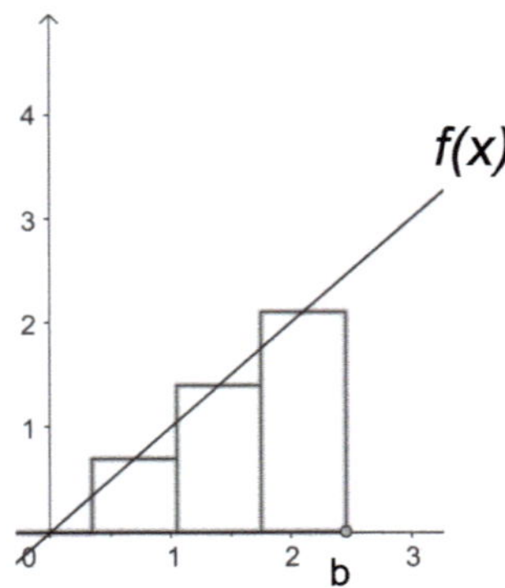


$$c \cdot \sum_{k}^{n} \left( x_k - x_{k-1} \right) = c \cdot \left( x_n - x_0 \right) = c \cdot \left( b - a \right). \tag{5.27}$$

Dies ist exakt die Fläche eines Rechtecks. Mit der Stammfunktion einer konstanten Funktion (siehe ■ Tab. 5.1) lautet die Integration im Intervall I = [a,b]

$$\int_a^b c\,dx = c \cdot \int_a^b dx = c \cdot \left[ x \right]_a^b = c \cdot \left( b - a \right). \tag{5.28}$$

Das zweite Beispiel (■ Abb. 5.6) ist nicht ganz so simpel, es handelt sich um die Winkelhalbierende.

$$f\left( x \right) = x. \tag{5.29}$$

Um die Fläche unter dieser Geraden möglichst genau zu approximieren, wählen wir als Stützpunkte die Mittelpunkte der x-Werte der Teilintervalle

$$\xi_k = \frac{x_k + x_{k-1}}{2}. \tag{5.30}$$

Damit lautet die riemannsche Summenformel

$$S = \Sigma\left( f, Z, \xi \right) = \sum_{k=1}^{n} \xi_k \cdot \left( x_k - x_{k-1} \right). \tag{5.31}$$

Nach Anwendung der dritten binomischen Formel vereinfacht sich dieser Ausdruck zu

$$\sum_{k=1}^{n} \xi_k \cdot \left( x_k - x_{k-1} \right) = \sum_{k=1}^{n} \frac{x_k + x_{k-1}}{2} \cdot \left( x_k - x_{k-1} \right) = \frac{1}{2} \sum_{k=1}^{n} \left( x_k^2 - x_{k-1}^2 \right). \tag{5.32}$$

Alle inneren Quadrate (also außer den Werten $x_0$ und $x_n$) tauchen paarweise mit verschiedenen Vorzeichen auf. Daher gilt

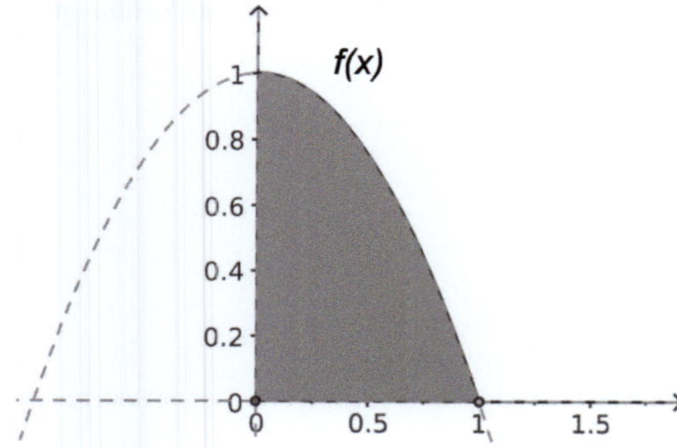



**Abb. 5.7** Fläche unter der Funktion $f(x) = 1 - x^2$

$$\frac{1}{2}\sum_{k=1}^{n}\left(x_k^2 - x_{k-1}^2\right) = \frac{1}{2}\left(x_n^2 - x_0^2\right) = \frac{1}{2}b^2. \tag{5.33}$$

Dies ist natürlich genau das erwartete Ergebnis, denn ein Quadrat hätte das folgende Ergebnis geliefert

$$A_{\text{quadrat}} = b \cdot b = b^2. \tag{5.34}$$

Die Fläche unter der Winkelhalbierenden ist exakt die Hälfte der Quadratfläche. Bei Anwendung der Stammfunktion für diese lineare Funktion (siehe **◼** Tab. 5.1) erhalten wir das gleiche Ergebnis.

Weitere Beispiele sollen den Umgang mit Stammfunktionen üben. Gesucht ist das bestimmte Integral von der Funktion f (siehe **◼** Abb. 5.7)

$$f(x) = 1 - x^2 \Rightarrow F(x) = x - \frac{x^3}{3}$$
$$\int_0^1 f(x)\,dx = \left[x - \frac{x^3}{3}\right]_0^1 = 1 - \frac{1}{3} - 0 = \frac{2}{3}. \tag{5.35}$$

im Intervall I = [0,1]

Gesucht ist das Integral der Sinusfunktion (**◼** Abb. 5.8) im Intervall I = [0, π]. Diese Fläche ist erwartungsgemäß positiv und die Integration ergibt

$$\int_0^\pi \sin(x)\,dx = \left[-\cos(x)\right]_0^\pi = -\cos(\pi) - \left(-\cos(0)\right) = -(-1) - (-1) = 2. \tag{5.36}$$

Hingegen ist das Integral (schon aus Symmetriegründen) der gleichen Funktion im Intervall I = [−π/2, + π/2] (**◼** Abb. 5.9) exakt Null, da es bei der Integralrechnung um orientierte Flächen geht.

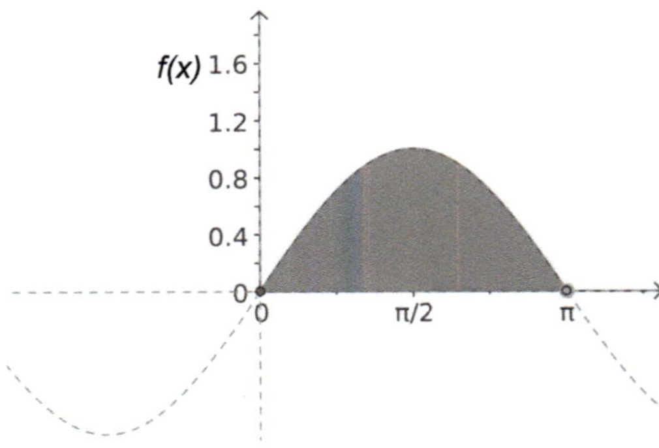

**Abb. 5.8** Fläche unter der Funktion $f(x) = \sin(x)$

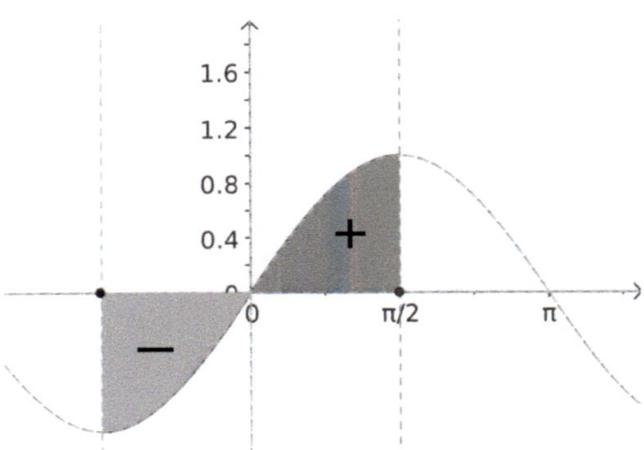

**Abb. 5.9** Flächen mit Vorzeichen (orientierte Flächen)

**Abb. 5.10** Lernvideo: Bestimmtes Integral. (▶ https://doi.org/10.1007/000-gzs)

$$\int_{-\frac{\pi}{2}}^{+\frac{\pi}{2}} \sin(x)\,dx = \left[-\cos(x)\right]_{-\frac{\pi}{2}}^{+\frac{\pi}{2}} = -\cos\left(\frac{\pi}{2}\right) - \left(-\cos\left(\frac{-\pi}{2}\right)\right) = 0 - 0 = 0 \tag{5.37}$$

Die Berechnung von Stammfunktionen zeigt das Lernvideo in ▪ Abb. 5.10 für zwei weitere Beispiele.

Will man bei einem Polynom mit mehreren Nullstellen nur den Betrag aller Flächenstücke wissen, muss man zunächst alle Nullstellen im Intervall finden und dann einzelne Integrale über den Betrag dieser Teilflächen bestimmen. ▪ Abb. 5.11 zeigt ein Beispiel.

Die Funktion bzw. die Stammfunktion lauten

$$f(x) = x^3 - x^2 - 2x \Rightarrow F(x) = \frac{x^4}{4} - \frac{1}{3}x^3 - x^2. \tag{5.38}$$

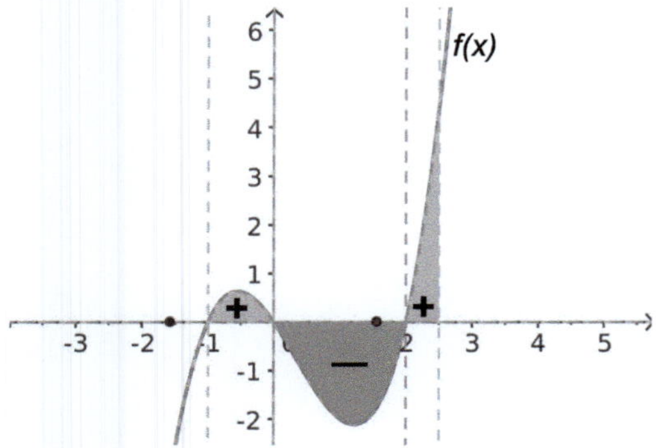

**Abb. 5.11** Die Funktion $f(x) = x^3 - x^2 - 2x$

Die Zerlegung in Linearfaktoren gibt Aufschluss über Nullstellen.

$$f(x) = (x+1) \cdot x \cdot (x-2) \tag{5.39}$$

Die Integration über die Beträge der Teilflächen ist also

$$\int_{-1}^{+2,5} f \, dx = \left| \int_{-1}^{0} f \, dx \right| + \left| \int_{0}^{2} f \, dx \right| + \left| \int_{2}^{2,5} f \, dx \right|. \tag{5.40}$$

Der Flächeninhalt ist

$$\begin{aligned} |F(0) - F(-1)| + |F(2) - F(0)| + |F(2,5) - F(2)| \\ = 0,41 + 2,66 + 0,97 \sim 4,05 \end{aligned} \tag{5.41}$$

Dieses Ergebnis ist erwartungsgemäß größer als die Integration in den gleichen Grenzen mit Berücksichtigung des Vorzeichens. Bei der Berechnung von orientierten Flächen genügt es, die Stammfunktion (ohne Berücksichtigung der Nullstellen) zwischen den Integrationsgrenzen anzuwenden.

Das Ergebnis ist

$$\int_{-1}^{+2,5} f \, dx = \left[ F(x) \right]_{-1}^{2,5} = F(2,5) - F(-1) \sim -1,27. \tag{5.42}$$

Die Berechnung von Stammfunktionen trigonometrischer Integranden ist im Lernvideo (■ Abb. 5.12) dargestellt.

#### ■ Partielle Integration

Falls der Integrand ein Produkt von Funktionen ist, kann es leicht vorkommen, dass die Stammfunktion nicht unmittelbar erkennbar ist. Dann kann es helfen, den Integranden auf Basis der Produktregel der Differenzialrechnung zu betrachten.

Die Produktregel lautet für die Funktion f(x) und g(x)

$$(f \cdot g)' = f' \cdot g + f \cdot g'. \tag{5.43}$$

**Abb. 5.12**   Lernvideo: Bestimmtes Integral. (▶ https://doi.org/10.1007/000-gzr)

Die Stammfunktion der linken Seite ist das Produkt der beiden Funktionen, da die Integralrechnung die Umkehrung der Differenzialrechnung ist.

$$F\left((f \cdot g)'\right) = f \cdot g \tag{5.44}$$

Die Stammfunktion der Summe der beiden Funktionen auf der rechten Seite ist zunächst nicht zu erkennen, also schreiben wir die Stammfunktion formal als Summe der beiden Integrale auf der rechten Seite.

$$F = f \cdot g = \int (f' \cdot g)\,dx + \int (f \cdot g')\,dx \tag{5.45}$$

Das Integral, welches am schwierigsten zu lösen ist, wird auf die linke Seite gebracht, und die anderen Terme auf die rechte Seite. Dann lautet die Stammfunktion eines Produktes von Funktionen, bei denen eine Funktion als Ableitung betrachtet wird

$$\int (f \cdot g')\,dx = f \cdot g - \int (f' \cdot g)\,dx. \tag{5.46}$$

Diese Gleichung heißt auch partielle Integrationsformel. Wir ersetzen die Suche der Stammfunktion für das Produkt der Funktionen im linken Integranden durch die Suche nach der Stammfunktion beim zweiten Term auf der rechten Seite. Das Produkt der beiden Funktionen (erster Term auf der rechten Seite) ist leicht berechenbar.

Wir betrachten das Beispiel das Produkt eines einfachen linearen Polynoms mit der e-Funktion, und nennen diese Funktion h(x).

Wir haben die Freiheit jede der beiden Funktionen einem f bzw. einem g′ zuzuordnen. Für diese Auswahl ist eine gewisse Übung dieser Formel nötig. Wir zerlegen die Funktion h(x) in f(x) und g′(x)

$$h(x) = x \cdot e^x \text{ und wählen } \begin{array}{l} f = x \\ g' = e^x \Rightarrow f' = 1 \quad g = e^x \end{array} \tag{5.47}$$

$$\int \left(x \cdot e^x\right) dx = x \cdot e^x - \int \left(1 \cdot e^x\right) dx = x \cdot e^x - e^x \tag{5.48}$$

Das zweite Beispiel lautet.

$$\int \left(x \cdot \sin(x)\right) dx \text{ und wählen } \begin{array}{l} f = x \\ g' = \sin(x) \end{array} \tag{5.49}$$

■ **Abb. 5.13**    Lernvideo: Partielle Integration. (▶ https://doi.org/10.1007/000-gzt)

$$\int \left( x \cdot \sin(x) \right) dx = x \cdot \left( -\cos(x) \right) - \int \left( 1 \cdot \left( -\cos(x) \right) \right) dx$$
$$= -\cos(x) \cdot x + \sin(x)$$

(5.50)

Wenn der Integrand eine Potenz einer Funktion ist (deren Stammfunktion wir kennen), kann durch geschickte Wahl der Funktionen f und g das Integral gelöst werden (■ Abb. 5.13).

Ein abschließendes Beispiel zeigt den Vorteil der partiellen Integration, obwohl zunächst gar kein Produkt von Funktionen im Integranden vorhanden ist.

$$\int \left( \ln(x) \right) dx$$

(5.51)

Die Stammfunktion dieses Integranden ist unbekannt, aber wir können die Funktion im Integranden immer mit einz malnehmen, und haben damit das Integral unverändert gelassen.

$$\int \left( \ln(x) \right) dx = \int \left( 1 \cdot \ln(x) \right) dx = x \cdot \ln(x) - \int \left( x \cdot \frac{1}{x} \right) dx$$
$$= x \cdot \ln(x) - \int 1 dx = x \cdot \ln(x) - x$$

(5.52)

Dann kann man die partielle Integrationsformel wieder anwenden und gelangt (durch passende Wahl der Zuordnungen von Funktionen) zu einer Ableitung des Logarithmus im Integranden. Dies vereinfacht die Integration drastisch.

### ■ Integration mit Partialbruchzerlegung

Es gibt für eine Reihe von Funktionen Stammfunktionen, die in der Tabelle (■ Tab. 5.1) aufgeführt sind. Zusammen mit den Rechenregeln lassen sich damit Integrale lösen. Die partielle Integration ist eine Methode, bei der man die Suche nach Stammfunktionen des Integranden umgeht, indem man die Integration auf einen anderen Integranden anwendet. Ein weiteres Verfahren mit Umformung des Integranden (um die Stammfunktionssuche zu erleichtern) ist die Integration mit Partialbruchzerlegung.

Diese Umformung des Integranden führt also auch nicht zu einer neuen Integrationsmethode, sondern ist eine elegante Möglichkeit, den Integranden zu vereinfachen. Dazu müssen bestimmte Voraussetzungen erfüllt sein.

Wir betrachten im Folgenden den Integranden f(x), der eine rationale Funktion der Polynome p(x) und q(x) ist.

$$f(x) = \frac{p(x)}{q(x)}$$

(5.53)

Die weitere Vorgehensweise besteht aus mehreren Schritten:

- Ist der Grad des Zählerpolynoms p(x) größer oder gleich dem Grad des Polynoms q(x), muss eine Polynomdivision erfolgen.
- Dann werden die Nullstellen des Nenners bestimmt und deren Vielfachheit.
- Mit den Nullstellen kann man die Ausgangsfunktion in mehrere Brüche zerlegen, die dann einfach (mit den bekannten Regeln zur Stammfunktion aus ◘ Tab. 5.1) integrierbar sind. Diese Brüche enthalten im Zähler Unbekannte, die auch zu bestimmen sind.

---

**Definition**

Im ersten Schritt geht es bei der Polynomdivision im Prinzip um die folgende Umformung

$$f(x) = \frac{p(x)}{q(x)} = B(x) + \frac{P(x)}{q(x)}, \tag{5.54}$$

wobei B und P auch Polynome sind.

Der Grad von P ist nach der Polynomdivision kleiner als der von q. P/q nennt man daher auch eine echt rationale Funktion.

---

Ein einfaches Beispiel demonstriert diesen Schritt.

$$f(x) = \frac{p(x)}{q(x)} = \frac{x^2}{x+1} \tag{5.55}$$

Durch eine Umformung des Zählers lässt sich dieser Bruch in zwei Terme umwandeln.

$$\frac{x^2}{x+1} = \frac{x^2 - 1 + 1}{x+1} = \frac{(x+1)(x-1) + 1}{x+1}$$
$$= \frac{(x+1)(x-1)}{x+1} + \frac{1}{x+1} = (x-1) + \frac{1}{x+1} \tag{5.56}$$

Damit haben wir auf der rechten Seite zwei Funktionen, die einfach integriert werden können. Weitere Konstanten gibt es in diesem Beispiel nicht.

Die Bestimmung der Nullstellen ist insbesondere für Polynome höheren Grads (größer drei) nicht immer einfach. Manchmal kann man sie erraten. In diesem Buch zur Vorbereitung des Studiums beschränken wir uns auf einfache Polynome, für die die Nullstellenbestimmung keine Probleme bereitet. Das folgende Polynom stehe im Nenner und lässt sich einfach in Linearfaktoren zerlegen.

$$f(x) = \frac{x}{x^2 - 2x - 3} = \frac{x}{(x-3)(x+1)} \tag{5.57}$$

Damit ist dann folgender Ansatz möglich

$$\frac{x}{x^2 - 2x - 3} = \frac{A}{(x-3)} + \frac{B}{(x+1)}. \tag{5.58}$$

Die Koeffizienten A und B müssen jetzt bestimmt werden. Dazu multiplizieren wir mit dem Nenner nach der Linearfaktorzerlegung und erhalten die Form ohne Bruch

$$x = \frac{A}{x-3}(x-3)(x+1) + \frac{B}{x+1}(x-3)(x+1)$$
$$= A(x+1) + B(x-3) \tag{5.59}$$

Auf jeder Seite der Gleichung stehen Polynome (bei diesem Beispiel von niedriger Ordnung). Polynome sind immer dann gleich, wenn alle Koeffizienten (also die Konstanten vor den Unbekannten) gleich sind. Die Gleichheit der Polynome muss ja für alle x gelten. Nach Umformung (ausklammern und sortieren) ist ein Koeffizientenvergleich möglich. Wir sortieren also die Terme, sodass die Koeffizienten leicht ablesbar sind.

$$x = A(x+1) + B(x-3) = (A+B)x + A - 3B \tag{5.60}$$

Die linke Seite enthält vor der Unbekannten x nur den Koeffizienten einz und es sind keine Konstanten auf dieser linken Seite vorhanden. Daher gilt

$$A + B = 1 \text{ und } A - 3B = 0. \tag{5.61}$$

Dies sind zwei Gleichungen für zwei Unbekannte, die Lösung lautet

$$A = \frac{3}{4} \quad B = \frac{1}{4}. \tag{5.62}$$

Das Ergebnis der Partialbruchzerlegung ist also

$$\frac{x}{x^2 - 2x - 3} = \frac{3}{4}\frac{1}{x-3} + \frac{1}{4}\frac{1}{x+1}. \tag{5.63}$$

Schon bei einem Polynom dritten Grades im Nenner kann es zu mehreren Nullstellen kommen, wie das folgende Beispiel für ein Polynom im Nenner zeigt

$$q(x) = x^2(x-1). \tag{5.64}$$

Hier gibt es die Nullstelle bei x = 1 und die doppelte bei x = 0. Dann müssen die doppelten Nullstellen durch mehrere Brüche im Ansatz berücksichtigt werden. Die Zerlegung lautet in diesem Fall für die doppelte Nullstelle $x_1 = 0$

$$\frac{A}{x - x_1} + \frac{B}{(x - x_1)^2}. \tag{5.65}$$

### ■ In aller Kürze

Die riemannschen Summen dienen der anschaulichen Erklärung, was ein Integral ist. Die Stammfunktionen erlauben es, Integrale effizient zu lösen. Mit Hilfe von Substitutionsmethoden, partieller Integration und Partialbruchzerlegung gelingt es, Integrale zu lösen, deren Stammfunktion nicht unmittelbar bekannt sind.

Die wesentlichen Begriffe dieses Kapitels sind:
- Hauptsatz der Differenzial- und Integralrechnung.
- Stammfunktion.
- partielle Integrationsformel und Partialbruchzerlegung.

### ■ Ausblick

Eine weitere Methode zur Vereinfachung von Integranden in Funktionen, deren Stammfunktionen einfacher bestimmbar sind, ist die Substitutionsmethode. Während es bei der partiellen Integration um Ausnutzung der Produktregel ging, handelt es sich hier um Ausnutzung der Kettenregel der Differenzialrechnung.

Diese zusätzliche Methode wird sicherlich ein Teil der Vorlesung zur Integralrechnung sein, und wird hier nicht weiter betrachtet.

Außerdem wird in der Hochschulvorlesung zur Mathematik die numerische Integration eine Rolle spielen. Diese ist hilfreich bei allen Problemen, in denen die Stammfunktion nicht analytisch ermittelbar ist. In allen Gebieten mit nichtlinearen Gleichungen, die oft nur in Spezialfällen analytisch lösbar sind, ist die numerische Integration der einzige Weg zur Lösung von Integral- und Differenzialgleichungen.

Wir haben hier die Integration über eine Unbekannte (nämlich x) geübt. Die Erweiterung auf Mehrfachintegrale (also Integrale über x, $y$ und z) ist dann Gegenstand der Hochschulmathematik. Mit Doppelintegralen lassen sich Oberflächen von dreidimensionalen Körpern berechnen. Mit Dreifachintegralen sind Volumenberechnungen möglich.

Eine weitere neuartige Integrationsmethode sind sogenannte Kurvenintegrale, die in Lehrbüchern auch Wegintegrale genannt werden. Diese Fragestellung kommt häufig in der Physik vor. Stellen Sie sich vor, Sie wollen das Integral längs eines Weges berechnen, den ein Flugzeug während des Start- oder Landevorgangs einnimmt. Dieser Weg ist abhängig von den drei Raumdimensionen und eine Funktion der Zeit. ◼ Abb. 5.14 zeigt ein einfaches Beispiel.

◼ **Abb. 5.14**　Weg s im dreidimensionalen Raum zwischen den Zeitpunkten $t_1$ und $t_2$

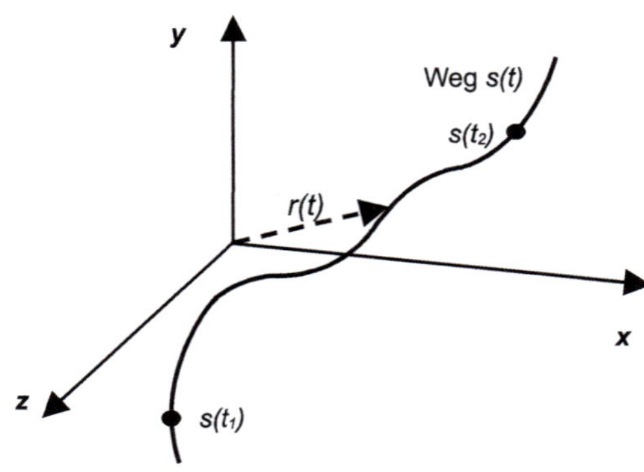

Die Position r des Flugzeugs ist eine vektorwertige Funktion von drei skalaren Funktionen g, h und k. Die Flugeigenschaften des Flugzeugs seien in der Funktion f gegeben. Mit einer Integration entlang dieses Wegs erhält man dann die sogenannte Bogenlänge zwischen den Punkten a und b.

$$\overrightarrow{r(t)} = g(t) \cdot \overrightarrow{e_x} + h(t) \cdot \overrightarrow{e_y} + k(t) \cdot \overrightarrow{e_z}$$
$$f(t) = f\big(g(t), h(t), k(t)\big) \tag{5.66}$$

### ▪ Aufgaben und Verständnisfragen

**5.1**

Berechnen Sie das bestimmte Integral.

$$\int_0^1 \left(1 - x^2\right) dx \tag{5.67}$$

**5.2**

Bestimmen Sie die Stammfunktionen F zu folgenden Funktionen f.

$$f(x) = x^3$$
$$f(x) = x^3 + x^2 + x + 1$$
$$f(x) = e^x + \cos(x) \tag{5.68}$$
$$f(x) = e^{5x} - \frac{2}{1+x^2} + 1$$

**5.3**

Berechnen Sie das unbestimmte Integral mittels partieller Integration.

$$\int x \cdot e^x dx$$
$$\int \ln(x) dx \tag{5.69}$$
$$\int \big(x \cdot \sin(x)\big) dx$$

**5.4**

Führen Sie eine Partialbruchzerlegung durch, und integrieren dann die entstehenden Brüche separat.

$$\int_1^2 \frac{(x-27)}{x^3 - 2x^2 - 3x} dx \tag{5.70}$$

**5.5**

Berechnen Sie die orientierte Fläche des bestimmten Integrals. Und vergleichen Sie dann dieses Ergebnis mit einem Integral, bei dem nur die Beträge der Flächen zwischen x-Achse und Funktionsverlauf berücksichtigt werden.

$$\int_{-1}^{+2,5} \left( x^3 - x^2 - 2x \right) dx \tag{5.71}$$

5.6
   Berechnen Sie das bestimmte Integral. Deuten Sie das Ergebnis.

$$\int_{0}^{2\pi} \sin(x)\,dx \tag{5.72}$$

## Literatur

Arens T, Hettlich F, Karpfinger C, Kockelkorn U, Lichtenegger K, Stachel H (2018) Mathematik. Kap. 11, 4. Aufl. Springer, Berlin/Heidelberg
Fritzsche K (2015) Mathematik für Einsteiger. Kap. 10, 5. Aufl. Springer, Berlin/Heidelberg

# Analytische Geometrie und lineare Algebra

Die Zeichnung und daraus abgeleitete Fragestellungen standen ursprünglich (also historisch) im Mittelpunkt der Geometrie. Aus der zeichnerischen Vorgehensweise wurde später eine rechnerische, im Wesentlichen mit den Arbeiten von Rene Descartes und Pierre de Fermat. Analytische Geometrie bedeutet, dass man geometrische Probleme mit Zahlen beschreibt, und die geometrische Lösung durch eine rechnerische Lösung ersetzt. Bevor man Konstruktionen wie Geraden und Ebenen, die sich im dreidimensionalen Anschauungsraum befinden, beschreiben kann, sind rechnerische Beschreibungen von geometrischen „Werkzeugen" nötig.

Ein wichtiges Werkzeug ist der Vektorbegriff, der in Anlehnung an die Mathematik der Schule anschaulich eingeführt wird.

## Inhaltsverzeichnis

# Vektoren, Skalarprodukt, Vektorprodukt

## Inhaltsverzeichnis



**Ergänzende Information** Die elektronische Version dieses Kapitels enthält Zusatzmaterial, auf das über folgenden Link zugegriffen werden kann [https://doi.org/10.1007/978-3-658-48666-2_6]. Die Videos lassen sich durch Anklicken des DOI-Links in der Legende einer entsprechenden Abbildung abspielen, oder indem Sie diesen Link mit der SN More Media App scannen.

Aus dem praktischen Leben wissen wir, dass manche physikalische Größen durch die Angabe einer einzigen Zahl bestimmt sind. Dies gilt offensichtlich für die Temperatur in einem Raum oder für die Masse einen Gegenstands. Es gibt aber auch Größen, die durch eine Zahl und eine Richtung beschrieben werden. Bei der Angabe einer Geschwindigkeit eines PKW genügt es nicht, die Zahl auf dem Tachometer anzugeben, sondern es ist auch wichtig, in welche Richtung das Auto fährt.

Diese gerichteten Größen nennen wir vektorielle Größen (im Gegensatz zu skalaren Größen, wie z. B. die Temperatur) oder einfach Vektoren.

Die Zahl der Komponenten eines Vektors (auch Einträge genannt) sind durch die Dimension des betrachteten Raums gegeben. Hier beschränken wir uns (in Anlehnung an die Schulmathematik) auf den dreidimensionalen Raum, den wir anschaulich deuten können.

### Lernziele

- Der Vektor als gerichtete Größe.
- Skalarprodukt.
- Vektorprodukt.

## ■ Vektoren

Vektoren kann man sich auf zweierlei Arten veranschaulichen. Es sind, wie gerade beschrieben, Größen mit einem Betrag (also die Tachogeschwindigkeit beim Beispiel Auto) und einer Richtung. ■ Abb. 6.1 zeigt in einem x-y-Koordinatensystem den Vektor p, der im Ursprung beginnt, und bis zum Punkt $x_p$, $y_p$ verläuft.

Solche Vektoren nennt man Ortsvektoren, da sie im Ursprung beginnen und bei den beiden Koordinaten (hier $x_p$, $y_p$) enden. Dies ist die zeichnerische Beschreibung des Vektors p. Die rechnerische ist folgende.

■ **Abb 6.1**   Punkt P als Basis für den Ortsvektor mit Koordinaten $x_p$, $y_p$

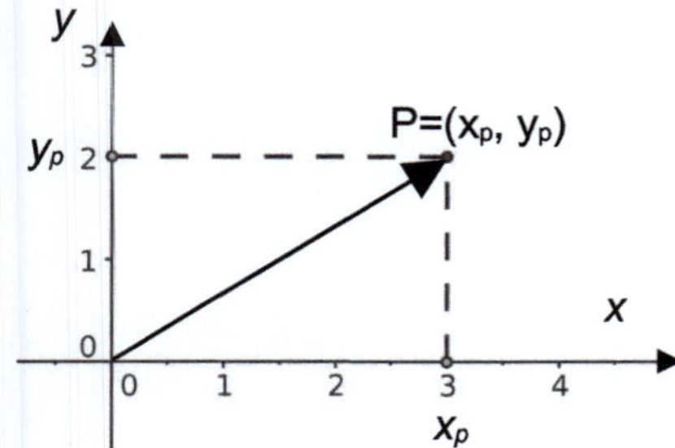

---

**Definition**

Wir definieren für einen beliebigen Punkt P in einem zweidimensionalen Raum (z. B. das x-y kartesische Koordinatensystem) den Ortsvektor als

$$\vec{P} = \begin{pmatrix} x_p \\ y_p \end{pmatrix} \in \mathbb{R}^2 \tag{6.1}$$

Die Menge aller Spaltenvektoren mit

$$\mathbb{R}^2 = \left\{ \begin{matrix} x_1 \\ x_2 \end{matrix} \middle| x_1, x_2 \in \mathbb{R} \right\} \tag{6.2}$$

bildet dann die Gesamtheit aller Punkte der x-y-Ebene.

Die Komponenten eines Vektors sind Skalare, also reelle Zahlen. Zur Unterscheidung von Skalaren und Vektoren werden Vektoren mit einem Pfeil über dem Symbol gekennzeichnet.

---

Vektoren müssen nicht immer Ortsvektoren sein. Sie können irgendwo im Raum (oder der Ebene) beginnen. Mathematisch sind jedoch Vektoren schon durch einen Betrag (also die Länge des Vektorpfeils) und eine Richtung vollständig festgelegt.

Daher gilt die folgende Definition, die eine Erweiterung des Vektorbegriffes der Schule darstellt.

---

**Definition**

Wir verstehen unter einem Vektor

$$\vec{c} = \begin{pmatrix} c_1 \\ c_2 \\ c_3 \end{pmatrix} \in \mathbb{R}^3 \text{ mit } c_1, c_2, c_3 \in \mathbb{R} \tag{6.3}$$

(z. B. in einem x-y-z Koordinatensystem) alle möglichen Pfeile, die der Bedingung

$$\vec{c} = \vec{b} - \vec{a} \text{ mit } \vec{b} = \begin{pmatrix} b_1 \\ b_2 \\ b_3 \end{pmatrix} \vec{a} = \begin{pmatrix} a_1 \\ a_2 \\ a_3 \end{pmatrix} \tag{6.4}$$

genügen (◨ Abb. 6.2).

Alle Pfeile, die dieser Bedingung genügen, haben die gleiche Länge, und die gleiche Richtung.

---

Ein Vektor wird also nicht durch einen einzigen Pfeil beschrieben, sondern durch viele. Man kann den Vektor beliebig parallel verschieben, ohne ihn zu ändern. Dies ist sehr nützlich, um geometrisch die Summe zweier Vektoren zu beschreiben.

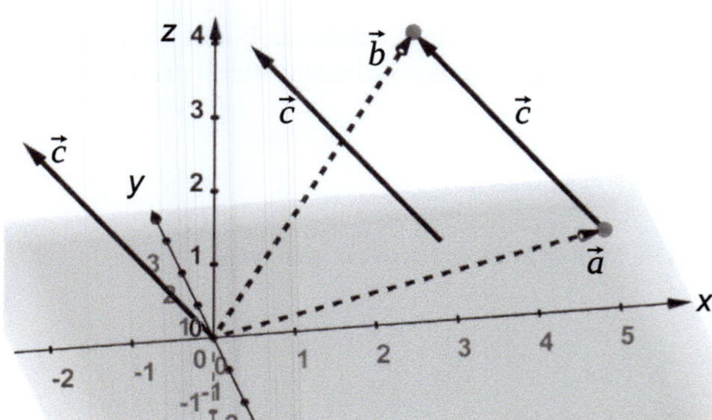



■ **Abb. 6.2**  Alle grafischen Darstellungen des Vektors c sind mathematisch identisch

■ **Abb. 6.3**  Skalare Multiplikation eines Vektors

Zunächst definieren wir zwei Rechenregeln für Vektoren.

---

**Definition**

Die Multiplikation eines Vektors a mit einer reellen Zahl λ ist

$$\lambda \cdot \vec{a} = \lambda \cdot \begin{pmatrix} a_1 \\ a_2 \\ a_3 \end{pmatrix} = \begin{pmatrix} \lambda a_1 \\ \lambda a_2 \\ \lambda a_3 \end{pmatrix}. \tag{6.5}$$

---

Man kann einen Vektor also strecken, stauchen und auch in seiner Richtung umkehren. ■ Abb. 6.3 zeigt ein Beispiel.

---

**Definition**

Die Addition zweier Vektoren

$$\vec{a}, \vec{b} \in \mathbb{R}^3 \tag{6.6}$$

lautet

$$\vec{a} + \vec{b} = \begin{pmatrix} a_1 \\ a_2 \\ a_3 \end{pmatrix} + \begin{pmatrix} b_1 \\ b_2 \\ b_3 \end{pmatrix} = \begin{pmatrix} a_1 + b_1 \\ a_2 + b_2 \\ a_3 + b_3 \end{pmatrix}. \tag{6.7}$$

Man kann nur Vektoren, die gleich viele Komponenten haben, addieren oder subtrahieren.

---

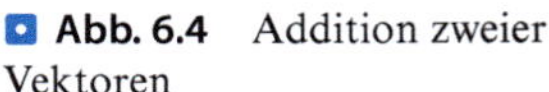

**Abb. 6.4** Addition zweier Vektoren

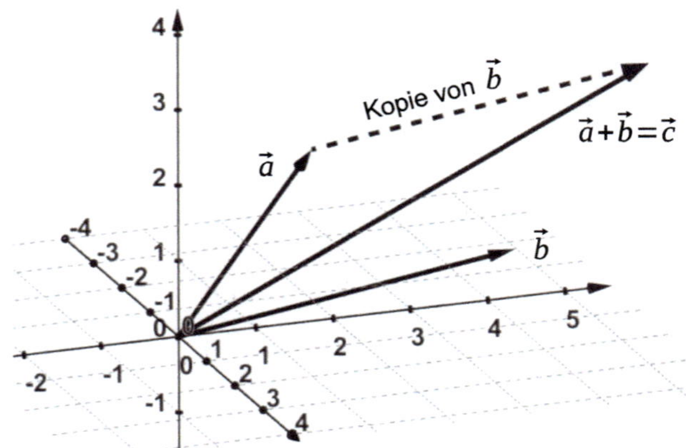



Um Vektoren zeichnerisch zu addieren, nutzt man die Parallelverschiebung von Vektoren aus, die den Vektor ja nicht verändern. Zwei Vektoren a und b addiert man, indem man den Vektor b parallel verschiebt, sodass er am Ende von a beginnt (■ Abb. 6.4).

Rechnerisch lautet die Lösung

$$\begin{pmatrix} 2 \\ 7 \end{pmatrix} + \begin{pmatrix} 7 \\ 2 \end{pmatrix} = \begin{pmatrix} 2+7 \\ 7+2 \end{pmatrix}. \tag{6.8}$$

---

**Definition**

Die Subtraktion ist über die Addition und Multiplikation mit einem negativen Skalar definiert. Es gilt

$$\vec{a} - \vec{b} = \vec{a} + (-1) \cdot \vec{b} = \begin{pmatrix} a_1 \\ a_2 \\ a_3 \end{pmatrix} + \begin{pmatrix} -b_1 \\ -b_2 \\ -b_3 \end{pmatrix} = \begin{pmatrix} a_1 - b_1 \\ a_2 - b_2 \\ a_3 - b_3 \end{pmatrix}. \tag{6.9}$$

---

Zeichnerisch bedeutet die Subtraktion, dass man den Vektor b erst in der Richtung umkehrt, und diesen Vektor dann zu a addiert (■ Abb. 6.5).

Für die Multiplikation und Addition (eine Division gibt es nicht) lauten die weiteren Rechenregeln, die man schon von den Regeln mit Skalaren kennt.

$$\text{Kommutativgesetz} \quad \vec{a} + \vec{b} = \vec{b} + \vec{a} \tag{6.10}$$

$$\text{Assoziativgesetz} \quad (\vec{a} + \vec{b}) + \vec{c} = \vec{a} + (\vec{b} + \vec{c}) \tag{6.11}$$

**Abb. 6.5**  Subtraktion zweier Vektoren

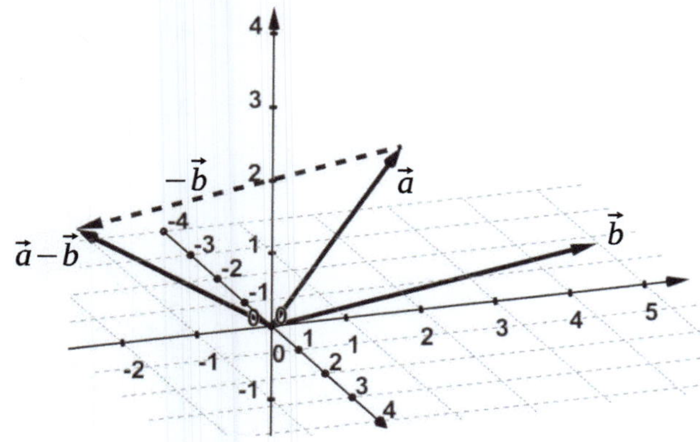


**Abb. 6.6**  Kartesisches Koordinatensystem mit Basisvektoren

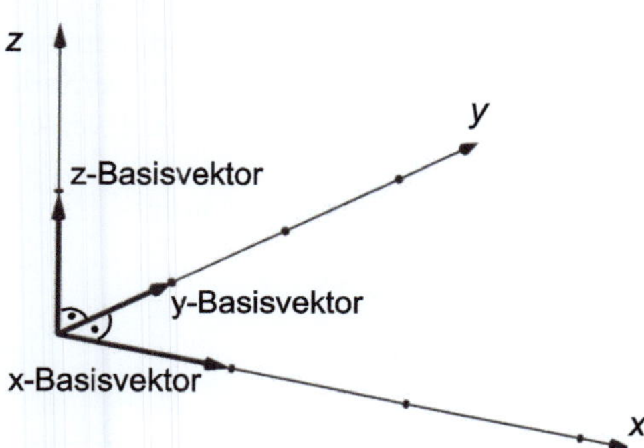


$$\text{Distributivgesetz} \quad \begin{aligned} (\lambda+\mu)\cdot\vec{a} &= \lambda\cdot\vec{a}+\mu\cdot\vec{a} \\ \lambda\cdot(\vec{a}+\vec{b}) &= \lambda\cdot\vec{a}+\lambda\cdot\vec{b} \end{aligned} \tag{6.12}$$

Oben wurde das x-y-Koordinatensystem benutzt, ohne näher darauf einzugehen. Der Beiname „kartesisch" wurde zu Ehren von Descartes gewählt, der viele Beiträge zur analytischen Geometrie leistete.

Mit einem kartesischen Koordinatensystem kann man die Koordinaten aller Punkte in einer Ebene ($R^2$, gesprochen R zwei) festlegen. Der Winkel zwischen den Achsen ist 90 Grad, die Achsen stehen bei kartesischen Systemen immer senkrecht aufeinander.

Der dreidimensionale Anschauungsraum ($R^3$) wird durch das kartesische x-y-z-System beschrieben (■ Abb. 6.6). Mathematisch (aber dies spielt in der Schulmathematik keine Rolle) sind auch Räume beliebiger Dimension möglich. Anschaulich vorstellen können wir uns nur den dreidimensionalen Raum. Wir beschränken uns daher im Folgenden auf den dreidimensionalen Raum.

Alle Vektoren im $R^2$ sind Spalten mit zwei Einträgen, alle Vektoren im $R^3$ sind Spalten mit drei Einträgen.

▪ **Abb. 6.7**   Rechte-Hand-Regel zur Definition Rechtssystem

$$\vec{a} \in \mathbb{R}^2 \Rightarrow \vec{a} = \begin{pmatrix} a_1 \\ a_2 \end{pmatrix}$$

$$\vec{b} \in \mathbb{R}^3 \Rightarrow \vec{b} = \begin{pmatrix} b_1 \\ b_2 \\ b_3 \end{pmatrix} \tag{6.13}$$

Hinweis: präzise gesagt wird der Begriff „kartesisches" Koordinatensystem für ein System verwendet, bei dem die Achsen senkrecht aufeinander stehen, und bei dem die Koordinatenvektoren in den jeweiligen Richtungen die Länge einz haben.

Zur Orientierung der drei Achsen gibt man an, ob es sich um ein Rechts- oder Linkssystem handelt. Alle Formeln in Physik und Technik beruhen auf der Verwendung von Rechtssystemen, man sollte also die Benutzung von Linkssystemen vermeiden.

▪ Abb. 6.7 zeigt ein solches Rechtssystem im $\mathbb{R}^3$ und die dazugehörige Faustregel.

Die rechte Hand bestimmt ein Rechtssystem, wenn der Daumen in die einz Richtung, der Zeigefinger in die zwei Richtung und der Mittelfinger in die drei Richtung zeigt. Dabei bestehen 90 Grad Winkel zwischen den Fingern, bzw. Daumen.

Es wurde bereits mehrfach über die Länge von Vektoren gesprochen, ohne präzise zu definieren, was dies ist. Dazu ist das Skalarprodukt nützlich.

**Skalarprodukt**

---

**Definition**

Dass Skalarprodukt von zwei Vektoren im Anschauungsraum ($\mathbb{R}^3$) ist definiert als

$$\left(\vec{a} \cdot \vec{b}\right) = \begin{pmatrix} a_1 \\ a_2 \\ a_3 \end{pmatrix} \cdot \begin{pmatrix} b_1 \\ b_2 \\ b_3 \end{pmatrix} = a_1 b_1 + a_2 b_2 + a_3 b_3. \tag{6.14}$$

Das Ergebnis des Skalarprodukts ist eine Zahl, also ein Skalar, und wird auch Punktprodukt genannt.

Die Länge eines Vektors im $R^2$ ist anschaulich mit Hilfe des Satzes von Pythagoras klar. Der Betrag eines Vektors (also die Länge) wird im Gegensatz zu Skalaren mit einem Doppelstrich gekennzeichnet. Es gilt

$$\|\vec{a}\| = \sqrt{\left(a_1^2 + a_2^2\right)}. \tag{6.15}$$

Der Ausdruck unter der Wurzel ist aber das Skalarprodukt von a mit sich selbst. Es gilt also

$$\|\vec{a}\| = \sqrt{\left(\vec{a}\cdot\vec{a}\right)}. \tag{6.16}$$

◨ Abb. 6.8 enthält ein Beispiel zur Berechnung von Vektorlängen.
Diese Formel lässt sich leicht auf drei Dimensionen (◨ Abb. 6.9) erweitern. Für Vektoren im $R^3$ gilt

$$\|\vec{a}\| = \sqrt{\left(a_1^2 + a_2^2 + a_3^2\right)}. \tag{6.17}$$

Auf Basis der Längenberechnung von Vektoren lassen sich Abstände zwischen Vektoren bestimmen (◨ Abb. 6.10).

◨ **Abb. 6.8**  Lernvideo: Normieren von Vektoren. (▶ https://doi.org/10.1007/000-gzx)



◨ **Abb. 6.9**  Länge (Anwendung Satz des Pythagoras) eines Vektors im $R^3$

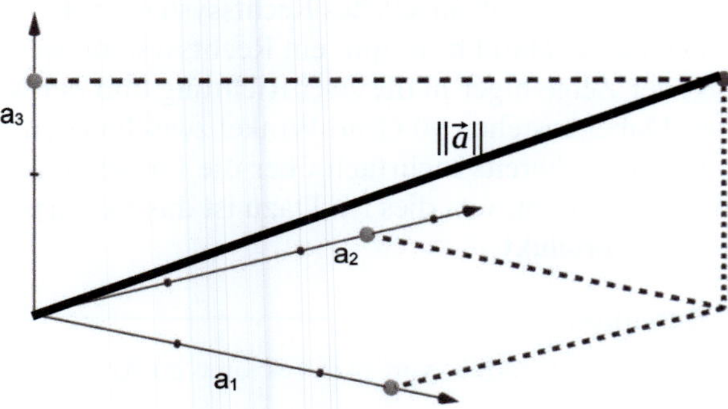


◨ **Abb. 6.10**  Lernvideo: Analytische Geometrie, Abstand zwischen Vektoren. (▶ https://doi.org/10.1007/000-gzw)

Das Skalarprodukt hat eine geometrische Bedeutung. Anschaulich gesagt bedeutet das Skalarprodukt der Vektoren a und b Folgendes: Wieviel von Vektor a zeigt in Richtung des Vektors b? Das Produkt beschreibt also die Projektion des einen Vektors auf den anderen. Dies wird in der Vorlesung auch rechnerisch bewiesen.

Es gilt folgende Eigenschaft. Für das Skalarprodukt der Vektoren a und b gilt

$$\left(\vec{a}\cdot\vec{b}\right) = \|\vec{a}\|\cdot\|\vec{b}\|\cdot\cos(\varphi). \tag{6.18}$$

mit $\varphi$ als von a und b eingeschlossenen Winkel ($\varphi$ liegt dabei zwischen 0 und 180 Grad).

Das Skalarprodukt lässt sich also über die Definitionsgleichung berechnen, oder über den Zusammenhang zwischen Skalarprodukt und Cosinus Funktion. Bei der zweiten Methode muss jedoch der Winkel zwischen den Vektoren bekannt sein, dies mag nur in einfachen Fällen der Fall sein. Der häufigere Fall ist der umgekehrte Weg, also die Berechnung des Winkels über das Skalarprodukt.

Zur Übung zeigen wir jedoch beide Methoden am einfachen Beispiel im $R^2$. Gegeben sind zwei Vektoren

$$\vec{a} = \begin{pmatrix} 3 \\ 0 \end{pmatrix} \quad \vec{b} = \begin{pmatrix} 2 \\ 2 \end{pmatrix}. \tag{6.19}$$

Die Anwendung der Definitionsgleichung liefert für das Skalarprodukt

$$\vec{a}\cdot\vec{b} = a_1 b_1 + a_2 b_2 = 3\cdot 2 + 0\cdot 2 = 6. \tag{6.20}$$

Der von den Vektoren eingeschlossene Winkel ist in diesem Fall 45 Grad, da einer der Vektoren auf der x-Achse, der andere in Richtung der Winkelhalbierenden liegt.
Daher gilt

$$
\begin{aligned}
\vec{a}\cdot\vec{b} &= \|\vec{a}\|\cdot\|\vec{b}\|\cdot\cos(\varphi) \\
&= \|\vec{a}\|\cdot\|\vec{b}\|\cdot\cos\left(45^o\right) \\
\|\vec{a}\| &= \sqrt{\left(3^2 + 0^2\right)} = \sqrt{(9)} = 3 \\
\|\vec{b}\| &= \sqrt{\left(2^2 + 2^2\right)} = \sqrt{(8)} = 2\sqrt{(2)} \\
\Rightarrow \vec{a}\cdot\vec{b} &= 3\cdot 2\sqrt{(2)}\cdot\cos\left(\frac{\pi}{4}\right) = \frac{6\cdot\sqrt{(2)}}{\sqrt{(2)}} = 6
\end{aligned}
\tag{6.21}
$$

Der Winkel zwischen zwei Vektoren lässt sich also über das Skalarprodukt und die Länge der Vektoren bestimmen. Daraus folgt unmittelbar:
stehen zwei Vektoren senkrecht aufeinander, so ist das Skalarprodukt Null.

$$\left(\vec{a}\cdot\vec{b}\right) = 0 \Leftrightarrow \vec{a}\perp\vec{b} \tag{6.22}$$

**Abb. 6.11**  Lernvideo: Anwendung Skalarprodukt. (▶ https://doi.org/10.1007/000-gzv)

Das Skalarprodukt ist maximal, wenn die Vektoren in die gleiche Richtung zeigen.

Im zweidimensionalen Raum lässt sich mit dem Skalarprodukt schnell ein Vektor finden, der senkrecht zu diesem steht.

$$\vec{v} = \begin{pmatrix} v_x \\ v_y \end{pmatrix} \qquad \overrightarrow{v_{senkr}} = \begin{pmatrix} -v_y \\ v_x \end{pmatrix} \tag{6.23}$$

$$\vec{v} \cdot \vec{v}_{senkr} = v_x \cdot \left(-v_{senkr}\right) + v_{senkr} v_x = 0$$

Das folgende Beispiel bezieht sich auf Vektoren im $\mathbb{R}^3$.

$$\vec{a} = \begin{pmatrix} 2 \\ 1 \\ 5 \end{pmatrix} \qquad \vec{b} = \begin{pmatrix} 2 \\ -4 \\ 6 \end{pmatrix} \tag{6.24}$$

$$\vec{a} \cdot \vec{b} = a_1 b_1 + a_2 b_2 + a_3 b_3$$
$$= 2 \cdot 2 + 1 \cdot \left(-4\right) + 5 \cdot 6 = 30$$

Zur Konstruktion von Vektoren, die senkrecht aufeinander stehen, kann man das Skalarprodukt verwenden (**◘** Abb. 6.11).

### ■ Vektorprodukt

Im dreidimensionalen Raum gibt es ein weiteres Produkt, das Kreuz- oder auch Vektorprodukt. Das Ergebnis ist (wie der Name sagt) ein Vektor, der senkrecht zu den beiden Vektoren steht, die dieses Produkt bilden. Daher gibt es dieses Produkt (im Gegensatz zum Skalarprodukt) nur im dreidimensionalen Raum.

---

**Definition**

Seien a, b Vektoren im $\mathbb{R}^3$, mit

$$\vec{a} = \begin{pmatrix} a_1 \\ a_2 \\ a_3 \end{pmatrix}, \vec{b} = \begin{pmatrix} b_1 \\ b_2 \\ b_3 \end{pmatrix}, \tag{6.25}$$

so ist durch

$$\vec{a} \times \vec{b} = \begin{pmatrix} a_2 b_3 - a_3 b_2 \\ a_3 b_1 - a_1 b_3 \\ a_1 b_2 - a_2 b_1 \end{pmatrix} \tag{6.26}$$

das Kreuz- bzw. Vektorprodukt definiert. Das Skalarprodukt gibt es in beliebig dimensionalen Räumen, das Vektorprodukt nur im $\mathbb{R}^3$.

---

Zur Berechnung werden Produkte kreuzweise gebildet, daher der Name Kreuzprodukt. Dabei wird die Zeile in den Vektoren a und b ausgeblendet, deren Position die Position der entstehenden Komponenten des Vektorproduktes bildet. Die erste Komponente des Vektorproduktes entsteht also durch kreuzweises Multiplizieren der zweiten und dritten Komponente aus den Vektoren a und b.

Dabei findet eine zyklische Fortsetzung statt, indem die dritte Komponente des Vektorprodukts aus den beiden ersten und zweiten Komponenten von a und b gebildet wird.

Dies klingt kompliziert, aber das folgende Schema (◘ Abb. 6.12) erklärt dies auf anschauliche Weise:

Die folgenden beiden Beispiele demonstrieren den Verlauf der Rechnungen.

$$\begin{pmatrix} 4 \\ 1 \\ -1 \end{pmatrix} \times \begin{pmatrix} 2 \\ 1 \\ 0 \end{pmatrix} = \begin{pmatrix} 1 \cdot 0 - (-1)1 \\ -1 \cdot 2 - 4 \cdot 0 \\ 4 \cdot 1 - 1 \cdot 2 \end{pmatrix} = \begin{pmatrix} 1 \\ -2 \\ 2 \end{pmatrix} \tag{6.27}$$

$$\begin{pmatrix} 5 \\ 0 \\ 3 \end{pmatrix} \times \begin{pmatrix} -1 \\ 2 \\ 3 \end{pmatrix} = \begin{pmatrix} 0 \cdot 2 - 3 \cdot 2 \\ -(5 \cdot 3 - 3 \cdot (-1)) \\ 5 \cdot 2 - 0 \cdot (-1) \end{pmatrix} = \begin{pmatrix} -6 \\ -18 \\ 10 \end{pmatrix} \tag{6.28}$$

◘ **Abb. 6.12**  Vektorprodukt: Kreuzweise Produkt-Differenz; zyklisch fortgesetzt

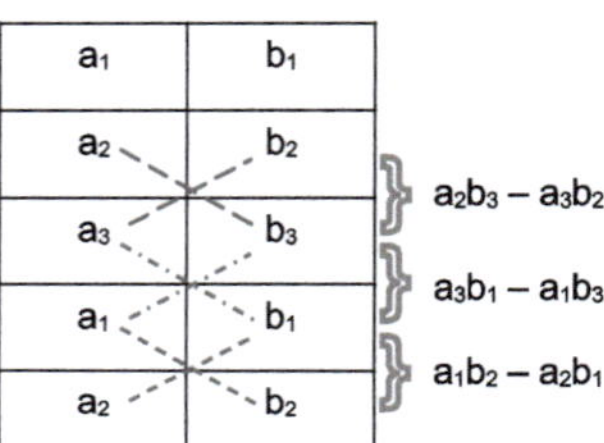

Das Vektorprodukt hat folgende Eigenschaft.

$$\vec{a}, \vec{b} \in \mathbb{R}^3 \text{ und } \vec{c} = \vec{a} \times \vec{b} \qquad (6.29)$$

Dann gilt
- c ist orthogonal zu a und b
- a, b und c bilden ein Rechtssystem

$$\|\vec{c}\| = \|\vec{a}\| \cdot \|\vec{b}\| \cdot \sin(\varphi) \qquad (6.30)$$

wobei $\varphi$ der von a und b eingeschlossene Winkel ist.

Die beiden Lernvideos (☉ Abb. 6.13 und 6.14) beinhalten die Winkelbestimmung auf Basis des Skalarproduktes, und die Durchführung der zyklischen Multiplikation beim Vektorprodukt.

Die Orthogonalität des Vektors c zu den beiden anderen Vektoren zeigt ein Beispiel.

$$\vec{a} = \begin{pmatrix} 4 \\ 1 \\ -1 \end{pmatrix} \qquad \vec{b} = \begin{pmatrix} 2 \\ 1 \\ 0 \end{pmatrix} \Rightarrow \qquad \vec{c} = \vec{a} \times \vec{b} = \begin{pmatrix} 1 \\ -2 \\ 2 \end{pmatrix} \qquad (6.31)$$

Da alle drei Vektoren ein Rechtssystem bilden, ist der Ergebnisvektor zu den beiden anderen orthogonal.

$$\vec{a} \cdot \vec{c} = \begin{pmatrix} 4 \\ 1 \\ -1 \end{pmatrix} \cdot \begin{pmatrix} 1 \\ -2 \\ 2 \end{pmatrix} = 4 - 2 - 2 = 0$$

$$\qquad (6.32)$$

$$\vec{b} \cdot \vec{c} = \begin{pmatrix} 2 \\ 1 \\ 0 \end{pmatrix} \cdot \begin{pmatrix} 1 \\ -2 \\ 2 \end{pmatrix} = 2 - 2 + 0 = 0$$

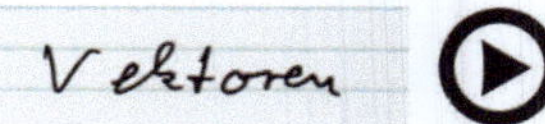


**☉ Abb. 6.13**    Lernvideo: Vektoren. (▶ https://doi.org/10.1007/000-gzy)

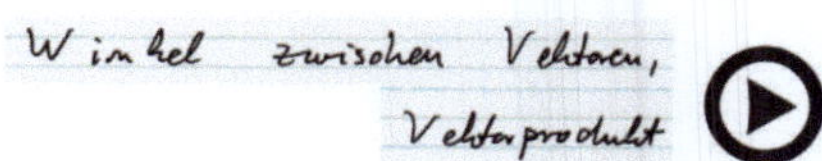


**☉ Abb. 6.14**    Lernvideo: Winkel zwischen Vektoren, Vektorprodukt. (▶ https://doi.org/10.1007/000-gzz)

Da das Vektorprodukt einen Vektor als Ergebnis liefert, gelten folgende Regeln.

$$\vec{a} \times \vec{b} = -\left(\vec{b} \times \vec{a}\right)$$
$$\vec{a} \times \left(\vec{b} + \vec{c}\right) = \vec{a} \times \vec{b} + \vec{a} \times \vec{c} \qquad (6.33)$$

**Achtung:** Das Distributivgesetz gilt nicht für das Vektorprodukt.

$$\left(\vec{a} \times \vec{b}\right) \times \vec{c} \neq \vec{a} \times \left(\vec{b} \times \vec{c}\right) \qquad (6.34)$$

### ■ In aller Kürze

Mit den bekannten Begriffen Orts- bzw. Richtungsvektor kann man mit einem mathematischen Ausdruck sowohl einen Ort, als auch eine Richtung beschreiben. Im hier betrachteten Anschauungsraum bestehen die Vektoren aus drei Komponnenten und sind anschaulich deutbar. Das Skalar- und das Vektorprodukt sind Produkte zwischen Vektoren in gleichen Räumen. Mit diesen Produkten kann man den Winkel zwischen Vektoren bestimmen. Die wichtigsten Begriffe sind:

- Der Betrag eines Vektors.
- Das Skalarprodukt, welches als Ergebnis eine skalare Größe (also eine Zahl) liefert.
- Das Vektorprodukt, welches eine vektorielle Größe liefert. Dieses Produkt gibt es nur im dreidimensionalen Anschauungsraum.

### ■ Ausblick

Um überhaupt geometrische Fragestellungen (die man historisch mit Zeichenwerkzeugen behandelt hat) rechnerisch zu lösen, braucht man Vektoren als ein wichtiges Hilfsmittel. Dazu diente in der Schule der dreidimensionale Anschauungsraum, in dem ein Vektor eine gerichtete Größe mit Länge ist. Mit Ausnahme des Vektorproduktes, welches nur für den dreidimensionalen Anschauungsraum definiert ist, kann man alle Methoden dieses Kapitels auf den n-dimensionalen Raum erweitern. Dies ist dann zwar nicht mehr anschaulich darstellbar, aber diese Erweiterungen sind nützlich, um n-dimensionale Vektorräume zu konstruieren.

Sowohl das Skalarprodukt als auch das Vektorprodukt lassen sich geometrisch, d. h. auch anschaulich deuten. Das wurde hier aus Platzgründen nicht weiter behandelt. Die Erweiterung der Dimension von drei zum n-dimensionalen Raum lässt solche anschaulichen Deutungen dann nicht mehr zu.

Eine für die Anwendung wichtige Thematik ist die Transformation zwischen den verschiedenen Koordinatensystemen. Hier lag der Fokus auf dem dreidimensionalen kartesischen Koordinatensystem, welches in der Schule oft das einzige Koordinatensystem ist. Es gibt Fragestellungen (z. B. Eigenschaften von rotationssymetrischen Körpern), bei denen ein anderes Koordinatensystem viel geeigneter ist, um zu einer Lösung zu gelangen. Zusätzlich zum Kugelkoordinatensystem, das zur Beschreibung von z. B. Vorgängen in der Erdatmosphäre predästiniert ist, gibt es auch das Zylinderkoordinatenystem.

■ Abb. 6.15 zeigt schematisch die verschiedenen Systeme.

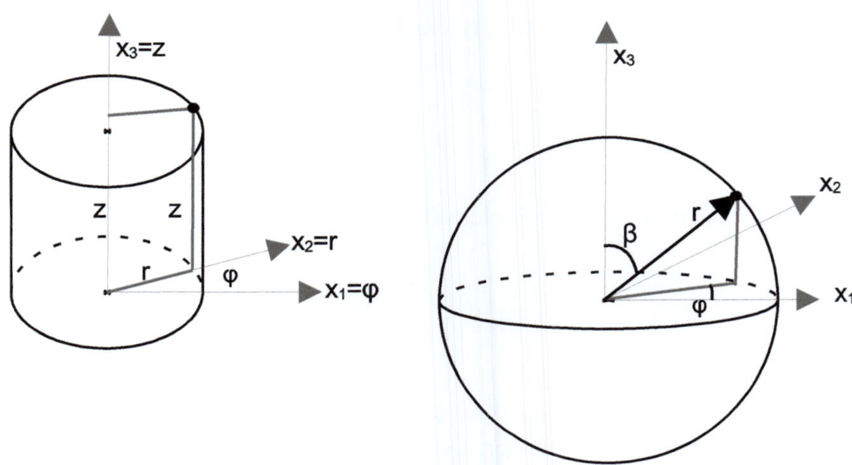



■ **Abb. 6.15**    Koordinatensysteme: zylindrisch(links); Kugel (rechts)

Das Koordinatenystem war hier ein festes System mit bestimmten Raumrichtungen. Die mathematischen Gleichungen vereinfachen sich aber manchmal, wenn man von einem Koordinatensystem auf ein anderes transformiert. Das kann sowohl ein Wechsel der Raumrichtungen von gleichartigen Systemen, als auch ein Wechsel von einem kartesischen auf z. B. ein Kugelsystem sein. Denken Sie z. B. an Fragestellungen aus der Robotik. Bestimmte kinematischen Bewegungen der Roboterarme lassen sich mathematisch viel einfacher beschreiben, wenn bevorzugte Bewegungsrichtungen parallel zu einer der drei Koordinatenrichtungen gewählt werden können. Dies beinhaltet dann oft als Koordinatentransformation eine Drehung, um den Wechsel zwischen den Systemen durchzuführen.

Ein anderes Gebiet ist die Astronomie. Hier ist häufig eine Umrechnung von einem lokalen – also mit dem Beobachtungsraum gekoppelten System – zu einem geo- oder heliozentrischen System nötig. ■ Abb. 6.16 zeigt als Beispiel den Zusammenhang zwischen dem lokalen Laborsystem mit den Basisvektoren $b_{1l}$, $b_{2l}$, $b_{3l}$ und das geozentrische System mit den Vektoren $b_{1E}$, $b_{2E}$ und $b_{3E}$.

■ **Aufgaben und Verständnisfragen**

**6.1**

Im zweidimensionalen Raum sind die folgenden Vektoren gegeben.

$$\vec{u} = \begin{pmatrix} 2 \\ 1 \end{pmatrix} \qquad \vec{v} = \begin{pmatrix} 1 \\ 3 \end{pmatrix} \tag{6.35}$$

Bestimmen Sie grafisch und rechnerisch.

$$\vec{u} + \vec{v} \tag{6.36}$$

**6.2**

Gegeben sind Vektoren im dreidimensionalen Raum.

**◻ Abb. 6.16**  Lokales (l) und
geozentrisches System (E)

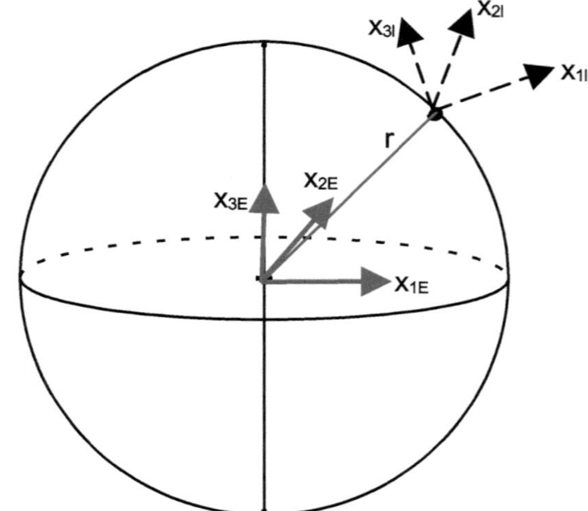


$$\vec{u} = \begin{pmatrix} 1 \\ 1 \\ 2 \end{pmatrix} \qquad \vec{v} = \begin{pmatrix} -2 \\ 3 \\ -1 \end{pmatrix} \qquad \vec{w} = \begin{pmatrix} -1 \\ 2 \\ -4 \end{pmatrix} \qquad (6.37)$$

Berechnen Sie folgende Kombinationen.

$$\begin{aligned} &a)\,\vec{u} - \vec{v} \\ &b)\,{-}2\vec{u} + 3\vec{v} \\ &c)\,(\vec{u} + \vec{v}) + \vec{w} \\ &d)\,\vec{u} + (\vec{v} + \vec{w}) \end{aligned} \qquad (6.38)$$

6.3

Berechnen Sie den **Einheits**vektor in Richtung des folgenden Vektors

$$\vec{v} = \begin{pmatrix} -2 \\ 5 \end{pmatrix}. \qquad (6.39)$$

6.4

Berechnen Sie für die Vektoren, die aus einer Linearkombination von Einheits-
vektoren bestehen,

$$\vec{a} = \begin{pmatrix} e_x \\ 3e_y \\ -e_z \end{pmatrix} \qquad \vec{b} = \begin{pmatrix} -e_x \\ e_y \\ 3e_z \end{pmatrix} \qquad \vec{c} = \begin{pmatrix} 2e_x \\ 3e_y \\ -6e_z \end{pmatrix} \qquad (6.40)$$

die folgenden Skalarprodukte

$$a)\,\vec{a}\cdot\vec{b}$$

$$b)\,\vec{a}\cdot\vec{c}$$

$$c)\,\vec{b}\cdot\vec{c}$$

$$d)\left(\vec{a}+\vec{b}\right)\cdot\vec{c} \tag{6.41}$$

$$e)\left(\vec{a}\cdot\vec{b}\right)\cdot\vec{c}$$

$$f)\,\vec{a}\cdot\left(\vec{b}\cdot\vec{c}\right)$$

**6.5**

Zum Vektor

$$\vec{a}=\begin{pmatrix}6\\1\\1\end{pmatrix} \tag{6.42}$$

soll ein Vielfaches des Vektors

$$\vec{b}=\begin{pmatrix}0\\6\\-2\end{pmatrix} \tag{6.43}$$

addiert werden, sodass folgendes gilt

$$\vec{a}+\lambda\cdot\vec{b}\perp\vec{c}=\begin{pmatrix}-2\\3\\5\end{pmatrix}. \tag{6.44}$$

Wie muss $\lambda$ gewählt werden?

**6.6**

Bestimmen Sie das Vektorprodukt.

$$\vec{u}=\begin{pmatrix}-1\\4\\-3\end{pmatrix}\qquad \vec{v}=\begin{pmatrix}3\\2\\-5\end{pmatrix} \tag{6.45}$$

**6.7**

Zeigen Sie, dass die drei Vektoren zusammen linear abhängig, aber paarweise linear unabhängig sind.

$$\vec{a} = \begin{pmatrix} 0 \\ 2 \\ 7 \end{pmatrix}$$

$$\vec{b} = \begin{pmatrix} 7 \\ -3 \\ 0 \end{pmatrix} \tag{6.46}$$

$$\vec{c} = \begin{pmatrix} -5 \\ 3 \\ 3 \end{pmatrix}$$

## Literatur

Arens T, Hettlich F, Karpfinger C, Kockelkorn U, Lichtenegger K, Stachel H (2018) Mathematik. Kap. 19, 4. Aufl. Springer, Berlin/Heidelberg

Ruhrländer M (2019) Brückenkurs Mathematik. Kap. 7, 2. Aufl. Pearson Deutschland Verlag, Hallbergmoos

# Analytische Geometrie von Geraden und Ebenen

## Inhaltsverzeichnis



**Ergänzende Information** Die elektronische Version dieses Kapitels enthält Zusatzmaterial, auf das über folgenden Link zugegriffen werden kann [https://doi.org/10.1007/978-3-658-48666-2_7]. Die Videos lassen sich durch Anklicken des DOI-Links in der Legende einer entsprechenden Abbildung abspielen, oder indem Sie diesen Link mit der SN More Media App scannen.

Mit den beschriebenen Eigenschaften von Vektoren und den daraus gebildeten Skalar- und Vektorprodukten sind wir nun in der Lage, Geraden und Ebenen analytisch zu beschreiben, also nicht nur geometrisch. Ursprünglich wurden geometrische Probleme mit zeichnerischen Methoden gelöst. Die Entwicklung der analytischen Geometrie ermöglicht es, Eigenschaften von Geraden und Ebenen (und im Prinzip auch Volumen, die hier nicht behandelt werden) exakt zu berechnen. Während es in der Schulmathematik zur Geometrie häufig um das Konstruieren von geometrischen Objekten geht (z. B. mit Geodreieck und Zirkel), ist es mit der analytischen Geometrie möglich, diese Objekte rein rechnerisch zu beschreiben.

**Lernziele**
- Geradengleichungen.
- Erweiterung der Geradengleichungen auf Ebenengleichungen.
- Schnittpunkte von Geraden und Ebenen.

■ **Geraden**

Geraden gibt es in zwei- und allen höherdimensionalen Räumen. Die Eigenschaften von Geraden sind in allen Räumen die gleichen.

> **Definition**
>
> Geometrisch sind Geraden unendlich lange (im Gegensatz zu Strecken), gerade Linien durch den Raum.
>
> Rechnerisch sind Geraden eine gerade Verbindung von unendlich vielen Punkten.

Die folgende Beschreibung der Punkt-Richtungsform von Geraden ist sicher aus der Schule bekannt.

Zur Konstruktion der Geraden g benötigt man einen beliebigen Stützpunkt a auf der Geraden (in Form eines Ortsvektors) und die Angabe der Richtung entlang der Geraden durch einen Richtungsvektor, der parallel zu g ist.

Jeder Punkt x (d. h. jeder Ortsvektor, der auf der Geraden endet) lässt sich dann erreichen mit der folgenden Konstruktion.

$$\vec{x} = \vec{a} + \lambda\,\vec{b} \qquad \text{mit } \lambda \in \mathbb{R} \tag{7.1}$$

◘ Abb. 7.1 zeigt zwei Beispiele, die verdeutlichen, dass man zunächst mit dem Ortsvektor zur Geraden gelangt, und dann von dort durch ein passendes λ den gewünschten Punkt erreicht.

Jeder andere Ortsvektor, der auf der Geraden g endet, ist für die Formel der Punkt-Richtungsform genauso geeignet. Dann muss allerdings die Zahl λ angepasst werden. Da λ eine beliebige reelle Zahl ist (also auch negativ sein kann), ist jeder Punkt auf der Geraden g so immer erreichbar.

Im zweidimensionalen Raum schneiden sich zwei Geraden, die nicht parallel zueinander sind, immer. Im dreidimensionalen Raum kann es jedoch vorkommen,

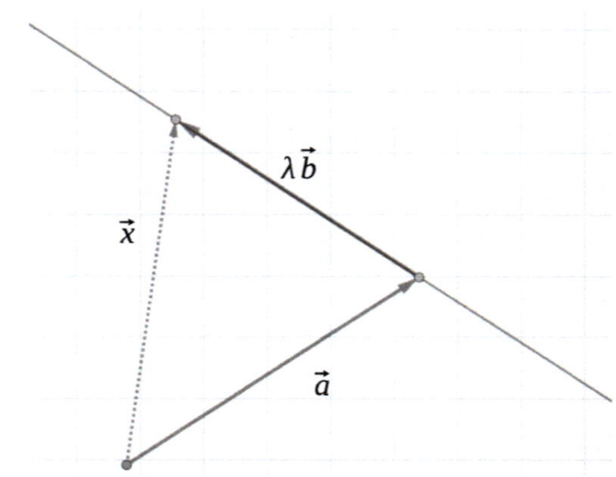

**Abb. 7.1**  Gerade in Punkt-Richtungsform



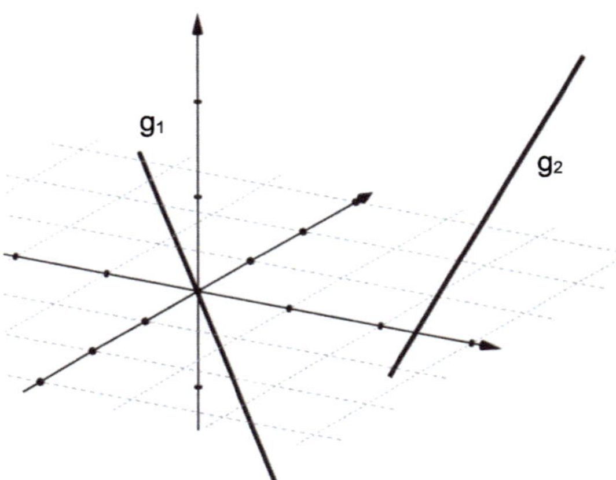

**Abb. 7.2**  Windschiefe Geraden im dreidimensionalen Raum



dass zwei (nichtparallele) Geraden quasi aneinander vorbeilaufen, also windschief liegen. Das folgende Beispiel (■ Abb. 7.2) demonstriert dies für die Geraden $g_1$ und $g_2$.

$$\vec{g_1} = \begin{pmatrix} 0 \\ 0 \\ 0 \end{pmatrix} + \lambda \begin{pmatrix} 1 \\ 0 \\ -2 \end{pmatrix} : \lambda \in \mathbb{R} \qquad \vec{g_2} = \begin{pmatrix} 2 \\ 6 \\ -1 \end{pmatrix} + \mu \begin{pmatrix} 0 \\ 2 \\ 4 \end{pmatrix} : \mu \in \mathbb{R} \tag{7.2}$$

Für einen Schnittpunkt gilt die Bedingung, dass es reelle Zahlen $\lambda$ und $\mu$ gibt, die zu gemeinsamen Punkten auf den Geraden führen.

$$\vec{g_1} = \begin{pmatrix} 0 \\ 0 \\ 0 \end{pmatrix} + \lambda \begin{pmatrix} 1 \\ 0 \\ -2 \end{pmatrix} = \begin{pmatrix} 2 \\ 6 \\ -1 \end{pmatrix} + \mu \begin{pmatrix} 0 \\ 2 \\ 4 \end{pmatrix} = \vec{g_2} \tag{7.3}$$

Dies liefert drei Komponentengleichungen.

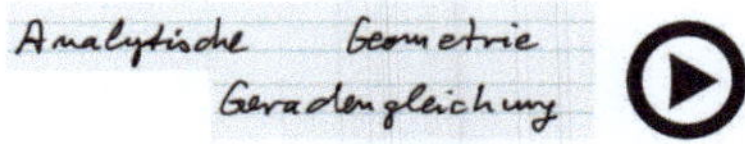


**Abb. 7.3**   Lernvideo: Analytische Geometrie, Geradengleichung. (▸ https://doi.org/10.1007/000-h01)

$$\begin{aligned} \lambda &= 2 \\ 0 &= 6 + 2\mu \\ -2\lambda &= -1 + 4\mu \end{aligned} \tag{7.4}$$

Aus den ersten beiden Gleichungen folgt

$$\lambda = 2 \wedge \mu = -3. \tag{7.5}$$

Dies liefert in Gleichung drei einen Widerspruch.

$$-2 \cdot 2 = -1 + 4 \cdot (-3)\,\text{Widerspruch} \tag{7.6}$$

Das Gleichsetzen der beiden Geradengleichungen hat zu einem Widerspruch geführt. Es gibt also kein $\lambda$ und kein $\mu$, sodass der entstehende Punkt auf beiden Geraden liegt.

Das Aufstellen einer Geradengleichung mit gegebenen Punkten wird in ◘ Abb. 7.3 dargestellt.

### ▪ Ebenen

Die Punkt-Richtungsform von Geraden lässt sich einfach erweitern, um zu einer Punkt-Richtungsformulierung von Ebenen zu gelangen. Dies wird in manchen Büchern auch als Ebene in Parameterdarstellung bezeichnet.

Allerdings sind die Richtungsvektoren nicht mehr beliebig, sie dürfen nicht parallel sein.

Seien $v_1$, $v_2$ zwei nicht parallele Vektoren im dreidimensionalen Raum. Dann spannen sie eine Ebene durch den Ursprung auf, wenn folgendes gilt

$$E = \left(\alpha \vec{v_1} + \beta \vec{v_2} \mid \alpha, \beta \in \mathbb{R}\right). \tag{7.7}$$

Eine Ebene durch einen Punkt P erhält man, indem man den Ortsvektor P zur Ebenengleichung dazu addiert.

$$E = \left(\vec{p} + \alpha \vec{v_1} + \beta \vec{v_2} \mid \alpha, \beta \in \mathbb{R}\right) \tag{7.8}$$

Durch Variieren der beiden Zahlen $\alpha$ und $\beta$ gelangt man (analog zur Geradenkonstruktion) zu jedem beliebigen Punkt auf der Ebene (◘ Abb. 7.4). ◘ Abb. 7.5 zeigt ein Beispiel, bei dem diese beiden Zahlen $\alpha$ und $\beta$ einz sind.

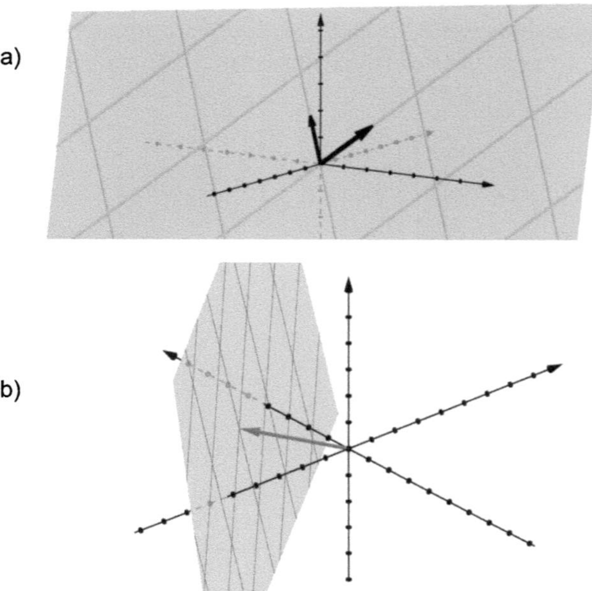

**Abb. 7.4**  **a)** Ebene aufgespannt durch zwei Richtungsvektoren durch den Ursprung **b)** Ebene aufgespannt durch zwei Richtungsvektoren und einen Ortsvektor

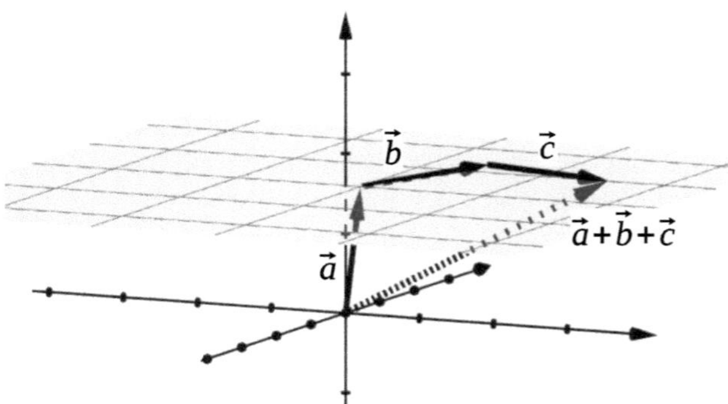


**Abb. 7.5**  Ebene E im $R^3$ in Punkt-Richtungsform $E = \vec{a} + \alpha\vec{b} + \beta\vec{c}$

Als Beispiel konstruieren wir eine Punkt-Richtungsformulierung einer Ebene mit drei gegebenen Ortsvektoren, die alle auf der Ebene liegen. Drei Punkte auf einer Ebene legen diese eindeutig fest.

Gegeben sind die Ortsvektoren

$$\vec{P_1} = \begin{pmatrix} 1 \\ 1 \\ 3 \end{pmatrix} \quad \vec{P_2} = \begin{pmatrix} 5 \\ 2 \\ 2 \end{pmatrix} \quad \vec{P_3} = \begin{pmatrix} 3 \\ 2 \\ 3 \end{pmatrix}. \tag{7.9}$$

Die Endpunkte dieser Vektoren definieren eine Ebene eindeutig. Als Ortsvektor der Ebenendarstellung wählen wir $P_1$, und die beiden Richtungsvektoren auf der Ebene sind als Differenzen zum Ortsvektor berechenbar. Die beiden Richtungsvektoren sind $v_1$ und $v_2$

$$\vec{v_1} = -\vec{P_1} + \vec{P_2} = \vec{P_2} - \vec{P_1} = \begin{pmatrix} 5 \\ 2 \\ 2 \end{pmatrix} - \begin{pmatrix} 1 \\ 1 \\ 3 \end{pmatrix}$$

$$\vec{v_2} = -\vec{P_1} + \vec{P_3} = \vec{P_3} - \vec{P_1} = \begin{pmatrix} 3 \\ 2 \\ 3 \end{pmatrix} - \begin{pmatrix} 1 \\ 1 \\ 3 \end{pmatrix}$$

$$\text{(7.10)}$$

Damit lautet die Ebenengleichung in Punkt-Richtungsformulierung

$$E = \left\{ \vec{P_1} + \alpha \vec{v_1} + \beta \vec{v_2} \mid \alpha, \beta \in \mathbb{R} \right\}$$

$$E = \left\{ \begin{pmatrix} 1 \\ 1 \\ 3 \end{pmatrix} + \alpha \begin{pmatrix} 4 \\ 1 \\ -1 \end{pmatrix} + \beta \begin{pmatrix} 2 \\ 1 \\ 0 \end{pmatrix} \mid \alpha, \beta \in \mathbb{R} \right\}$$

$$\text{(7.11)}$$

Die Richtungs- und Ortsvektoren dieses Beispiels sind in ◘ Abb. 7.6 veranschaulicht.

Den Wechsel zwischen verschiedenen Darstellungen einer Ebene demonstriert das Lernvideo in ◘ Abb. 7.7.

Im $\mathbb{R}^3$ schneidet eine Gerade, die nicht parallel zu einer Ebene verläuft, immer diese Ebene. Als Beispiel betrachten wir die Gerade g und die Ebene E. Gesucht wird der Schnittpunkt von Gerade und Ebene.

◘ **Abb. 7.6**  Ebene aufgespannt durch drei Ortsvektoren

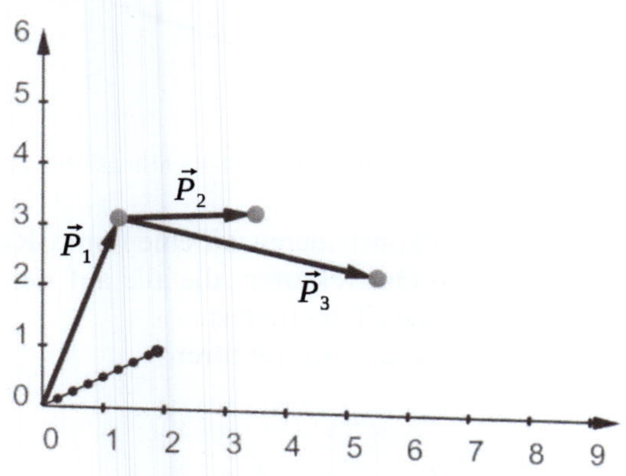

**◻ Abb. 7.7**　Lernvideo: Analytische Geometrie, Ebenengleichungen. (▶ https://doi.org/10.1007/000-h00)

$$\vec{g} = \left\{ \begin{pmatrix} 1 \\ 1 \\ 0 \end{pmatrix} + \lambda \begin{pmatrix} 1 \\ 0 \\ 1 \end{pmatrix} \;\middle|\; \lambda \in \mathbb{R} \right\}$$

$$\tag{7.12}$$

$$E = \left\{ \begin{pmatrix} 1 \\ 1 \\ 3 \end{pmatrix} + \alpha \begin{pmatrix} 4 \\ 1 \\ -1 \end{pmatrix} + \beta \begin{pmatrix} 2 \\ 1 \\ 0 \end{pmatrix} \;\middle|\; \alpha, \beta \in \mathbb{R} \right\}$$

Wir nehmen einen Schnittpunkt an und erhalten damit drei Gleichungen für die drei unbekannten Größen $\alpha$, $\beta$, $\lambda$.

$$\begin{aligned}
\text{I} \quad & 1 + \lambda = 1 + 4\alpha + 2\beta \\
\text{II} \quad & 1 + \lambda \cdot 0 = 1 + \alpha + \beta \\
\text{III} \quad & 0 + \lambda = 3 - \alpha + 0
\end{aligned}$$

$$\tag{7.13}$$

Dieses Gleichungssystem lässt sich u. a. durch das Einsetzungsverfahren lösen. Die Gleichung II liefert

$$\alpha = -\beta. \tag{7.14}$$

Dann folgt aus Gleichung I

$$\lambda = -2\beta. \tag{7.15}$$

Diese Werte eingesetzt in Gleichung III liefert

$$\beta = -1. \tag{7.16}$$

Und daraus folgen dann Lösungen ohne Widerspruch in den anderen Gleichungen

$$\alpha = 1 \qquad \lambda = 2. \tag{7.17}$$

Eine Lösung dieses Gleichungssystems ohne Widerspruch bedeutet, dass es einen Schnittpunkt von Gerade und Ebene gibt. Der Schnittpunkt liegt bei

$$\overrightarrow{g_{Schnitt}} = E_{Schnitt} = \begin{pmatrix} 3 \\ 1 \\ 2 \end{pmatrix}. \tag{7.18}$$

Zu jeder Ebene im $\mathrm{R}^3$ gibt es eine eindeutige Richtung, die auf dieser Ebene senkrecht steht. Dies führt zur Formulierung der Normalenform von Ebenen.

Eine Ebene ist eindeutig bestimmt, indem man einen zur Ebene senkrechten Vektor angibt, und eine reelle Zahl, die den Abstand der Ebene zum Ursprung darstellt

$$E = \left\{ \begin{pmatrix} x \\ y \\ z \end{pmatrix} : \left[ \vec{n} \cdot \begin{pmatrix} x \\ y \\ z \end{pmatrix} \right] = b \right\}. \tag{7.19}$$

Als Ergebnis des Skalarproduktes wählen wir die Zahl 2 und den Normalenvektor

$$\vec{n} = \begin{pmatrix} 0 \\ 0 \\ 1 \end{pmatrix}. \tag{7.20}$$

Dann gilt für alle Punkte auf der Ebene

$$\left[ \begin{pmatrix} 0 \\ 0 \\ 1 \end{pmatrix} \cdot \begin{pmatrix} x \\ y \\ z \end{pmatrix} \right] = 2. \tag{7.21}$$

◘ Abb. 7.8 zeigt eine Ebene durch mit dem Normalenvektor n in z-Richtung.

Diese Ebene schneidet also die z-Achse bei zwei. Der Normalenvektor zeigt in z-Richtung, es handelt sich also um eine Ebene in der x-y-Ebene, die die z-Achse bei 2 schneidet.

Dies könnte man auch zur Formulierung von Geraden im zweidimensionalen Raum nutzen (◘ Abb. 7.9).

Die Gerade g ist dann die Menge aller Punkte mit den Eigenschaften

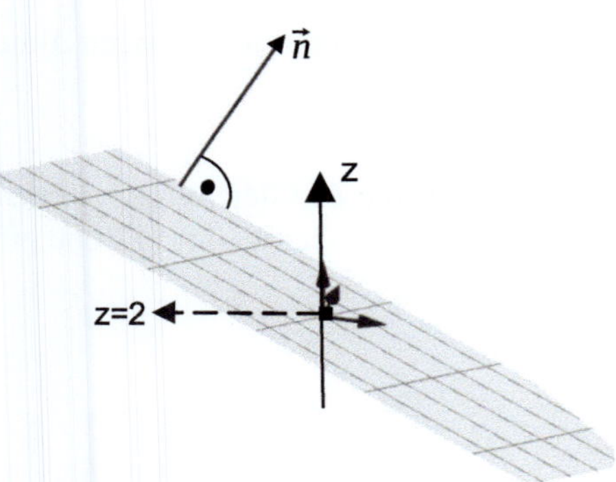


◘ **Abb. 7.8**  Ebene im $\mathbb{R}^3$ aufgespannt durch den Normalenvektor $\vec{n}$ und den Schnittpunkt mit der z-Achse (z = 2)

**Abb. 7.9**  Lernvideo: Analytische Geometrie, Geradengleichungen. (▶ https://doi.org/10.1007/000-h02)

$$\left[ \begin{pmatrix} x \\ y \end{pmatrix} \cdot \vec{n} \right] - c = 0 \text{ mit } c \in \mathbb{R}. \tag{7.22}$$

Der Normalenvektor hat die gleichen Eigenschaften wie bei der Ebene und die Zahl c gibt den Abstand zum Ursprung an.

### ■ In aller Kürze

In der analytischen Geometrie gilt der Grundsatz: „Rechnen statt Zeichnen". Auf Basis des (in der Schule oft verwendeten) kartesischen Koordinatensystems wurden die rechnerischen Konstruktionen für Geraden und Ebenen erläutert. Diese Konzepte sind erweiterbar zur Beschreibung von Objekten wie Kugeln, Zylinder und anderen Körpern im dreidimenionalen Anschauungsraum. Die wesentlichen Begriffe sind:
- Punkt-Richtungsform von Geraden.
- Ebenendarstellung mit Hilfe der Normalenform oder Punkt-Richtungsform.

### ■ Ausblick

Die geometrischen Objekte (hier: Gerade und Ebene) erfordern ein mehrdimensionales Koordinatensystem. Windschiefe Geraden, also Geraden, die nicht parallel sind, sich aber auch nicht schneiden, sind nur im dreidimensionalen Raum möglich. Diese Objekte (Gerade, Ebene) wurden hier (in Anlehnung an die Vorgehensweise der Schule) in einem kartesischen System beschrieben.

Die analytische Geometrie wird in Vorlesungen ausgebaut, um auch geometrische Objekte mit Volumen analytisch zu beschreiben (z. B. Kugeln, Rotationskörper). Damit können weitere Fragestellungen behandelt werden. Denken Sie z. B. an den Zusammenhang zwischen den zeitabhängigen Positionen von Satelliten im erdnahen Raum und der Position eines GPS Empfängers auf der Kugeloberfläche Erde. Die Position des GPS Empfängers auf der Erde und die verschiedenen Satelliten bewegen sich entlang verschiedenen Zeitskalen. Zur genauen Positionsbestimmung ist dann eine exakte Lösung von zeitabhängigen Gleichungen gefordert.

Dies beinhaltet dann vektorwertige zeitabhängige Funktionen, die bestimmte Eigenschaften haben. Dazu gehört z. B. die Krümmung von Raumkurven oder die Berechnung von Tangenten an Ebenen im Raum.

### ■ Aufgaben und Verständnisfragen

7.1

Stellen Sie die Geradengleichung in Punkt-Richtungs-Form auf, die durch die Ortsvektoren a und b geht.

$$\vec{a} = \begin{pmatrix} 1 \\ 2 \end{pmatrix} \quad \vec{b} = \begin{pmatrix} 2 \\ 1 \end{pmatrix} \tag{7.23}$$

**7.2**

Bestimmen Sie die Gleichung einer Geraden durch den Punkt P, wobei diese Gerade parallel zu g verlaufen soll. Welchen Abstand hat P von g?

$$P = \begin{pmatrix} -4 \\ 7 \end{pmatrix} \qquad g : x - 3y = 10 \tag{7.24}$$

**7.3**

Ermitteln Sie den Abstand der Ebene E vom Ursprung.

$$E : 2x + 4y + 4z = 12 \tag{7.25}$$

**7.4**

Gegeben sind die beiden Geraden $g_1$ und $g_2$. Weisen Sie nach, dass die Geraden windschief sind. Sie sind also nicht parallel, schneiden sich aber auch nicht.

$$g_1(\lambda) = \begin{pmatrix} 0 \\ 4 \\ 3 \end{pmatrix} + \lambda \cdot \begin{pmatrix} 1 \\ 0 \\ 1 \end{pmatrix} \qquad g_2(\mu) = \begin{pmatrix} 6 \\ 12 \\ -1 \end{pmatrix} + \mu \cdot \begin{pmatrix} 1 \\ 1 \\ -1 \end{pmatrix} \tag{7.26}$$

**7.5**

Gegeben sind die Punkte A, B, C und D. Weisen Sie nach, dass die Punkte nicht alle in einer Ebene liegen.

$$A = \begin{pmatrix} -4 \\ -4 \\ -10 \end{pmatrix} \quad B = \begin{pmatrix} -1 \\ -5 \\ -9 \end{pmatrix} \quad C = \begin{pmatrix} 7 \\ 4 \\ 11 \end{pmatrix} \quad D = \begin{pmatrix} 6 \\ 6 \\ 8 \end{pmatrix} \tag{7.27}$$

## Literatur

Ruhrländer M (2019) Brückenkurs Mathematik. Kap. 7, 2. Aufl. Pearson Deutschland Verlag, Hallbergmoos
Schmidt J (2015) Basiswissen Mathematik. Kap. 3.3, 2. Aufl. Springer, Berlin/Heidelberg

# Lineare Gleichungssysteme

## Inhaltsverzeichnis



**Ergänzende Information** Die elektronische Version dieses Kapitels enthält Zusatzmaterial, auf das über folgenden Link zugegriffen werden kann [https://doi.org/10.1007/978-3-658-48666-2_8]. Die Videos lassen sich durch Anklicken des DOI-Links in der Legende einer entsprechenden Abbildung abspielen, oder indem Sie diesen Link mit der SN More Media App scannen.

Bis hierhin wurden bereits – ohne es zu betonen – nicht nur eine Gleichung mit einer Unbekannten, sondern auch zwei Gleichungen mit zwei Unbekannten gelöst.

Die quadratische Gleichung ist eine einzige Gleichung mit einer Unbekannten, und der Schnittpunkt zweier Geraden führte zum Problem, die beiden Geradengleichungen gleichzusetzen, um den gemeinsamen Schnittpunkt zu finden.

Ein Kernthema der linearen Algebra ist das Lösen von Gleichungssystemen, d. h. die simultane Lösung von zwei oder mehr Gleichungen, die dann insgesamt auch zwei oder mehr Unbekannte enthalten. Lineare Gleichungssysteme trifft man in der Praxis sehr häufig an. Nahezu in allen Gebieten, die Netzwerkkonzepte beinhalten, spielen lineare Gleichungssysteme für die mathematische Modellierung eine große Rolle. Dies können z. B. elektrische Schaltkreise von Energieversorgern sein, aber auch Logistik- und Produktionskonzepte im Bereich der Ökonomie.

In dieser kurzen Einführung zu LGS geht es um einfache Fälle der Lösbarkeit und der Anzahl der Lösungen eines LGS. Darauf aufbauend wird das gaußsche Konzept zur Lösung großer Systeme erläutert, welches in der Numerik von LGS eine zentrale Rolle spielt.

> **Lernziele**
> - Erweiterung der Lösungsmethoden für zwei Gleichungen mit zwei Unbekannten auf n Gleichungen mit n Unbekannten.
> - Anzahl der Lösungen eines linearen Gleichungssystems (LGS).
> - Das LGS in Stufenform.

Wir üben dies zunächst am bekannten Fall: das Lösen von zwei linearen Gleichungen.

Die beiden Geradengleichungen mit den Steigungen $m_1$ bzw. $m_2$ und den Achsenabschnitten $b_1$ bzw. $b_2$ lauten

$$\begin{aligned} y &= m_1 x + b_1 \\ y &= m_2 x + b_2 \end{aligned} \tag{8.1}$$

Anstelle des x-y-Koordinatensystems können wir die Nomenklatur auch ändern, um für eine Erweiterung der Zahl der Gleichungen vorbereitet zu sein. Die obigen Geradengleichungen lauten dann in einem $x_1$-$x_2$ System

$$\begin{aligned} x_2 &= m_1 x + b_1 \\ x_2 &= m_2 x + b_2 \end{aligned} \tag{8.2}$$

Dies lässt sich dies auch schreiben als

$$\begin{aligned} m_1 x_1 - x_2 &= -b_1 \\ m_2 x_1 - x_2 &= -b_2 \end{aligned} \, . \tag{8.3}$$

Dies ist bereits ein einfaches lineares Gleichungssystem. Linear bedeutet, die Unbekannten tauchen nur in der ersten Potenz auf, und ein System besteht aus zwei oder mehr Gleichungen. Die Koeffizienten vor den Unbekannten sind reelle Zahlen, das Absolutglied (ohne eine Unbekannte) steht auf der rechten Seite und ist auch eine reelle Zahl.

Nicht alle Gleichungssysteme sind lineare Gleichungssysteme. Wir betrachten ein Beispiel.

$$x_1 + x_2 = 2$$
$$x_1 - x_2 = 0$$
$$(8.4)$$

ist ein solches lineares Gleichungssystem (im Folgenden LGS).

Die beiden folgenden Gleichungen sind aber nicht Bestandteile eines LGS.

$$\sin(x_1) + x_2 = 2$$
$$x_1^2 - x_2 = 0$$
$$(8.5)$$

Diese Gleichungen sind nichtlineare Gleichungen.

---

**Definition**

Unter einer Lösung eines linearen Gleichungssystems (LGS) mit n Unbekannten $x_1$, $x_2$,... $x_n$ verstehen wir n reelle Zahlen $l_1$, $l_2$, ...$l_n$, die anstelle von $x_1$, $x_2$, ..., $x_n$ eingesetzt, alle Gleichungen des LGS erfüllen. In einem LGS tauchen die Unbekannten nur in der ersten Potenz auf.

Ein LGS zu lösen, bedeutet, sämtliche Mengen $(l_1, l_2,..., l_n)$ zu finden, für die alle Gleichungen des LGS erfüllt werden. Dies ist dann die Lösungsmenge $L = \{l_1, l_2,...,l_n\}$ des LGS.

---

Bei zwei Gleichungen mit zwei Unbekannten gibt es einfache Lösungsmethoden, die aus der Schule bekannt sein sollten. Wir betrachten das Beispiel

$$\text{Gleichung I} \quad 2x_1 + 3x_2 = 7$$
$$\text{Gleichung II} \quad 3x_1 - x_2 = 3$$
$$(8.6)$$

■ **Methode 1: Einsetzungsverfahren**

Dabei wird eine Unbekannte in der ersten Gleichung durch einen Ausdruck aus der zweiten Gleichung ersetzt. Wir lösen die zweite Gleichung nach $x_2$ auf und setzen den Ausdruck in die erste Gleichung ein

$$x_2 = 3x_1 - 3 \text{ aus Gleichung II} \quad \text{in Gleichung I} \quad 2x_1 + 3(3x_1 - 3) = 7. \quad (8.7)$$

Damit verbleibt eine Gleichung mit einer Unbekannten. Weitere Rechnungen ergeben dann

$$x_1 = \frac{16}{11}. \tag{8.8}$$

Dieses Ergebnis setzen wir in die zweite Gleichung ein (möglich, da ja die Lösungen für jede Unbekannte alle Gleichungen erfüllen müssen) und erhalten dann die Lösung für die Unbekannte $x_2$.

$$x_2 = \frac{15}{11} \tag{8.9}$$

■ **Methode 2: Gleichsetzungsverfahren**

Wir betrachten das gleiche Beispiel, und formen beide Gleichungen so um, dass auf der linken Seite die gleiche Unbekannte steht.

$$\begin{aligned} 2x_1 + 3x_2 &= 7 \\ 3x_1 - x_2 &= 3 \end{aligned} \quad \Rightarrow \quad \begin{aligned} x_2 &= \frac{7}{3} - \frac{2}{3} \cdot x_1 \\ x_2 &= 3x_1 - 3 \end{aligned} \tag{8.10}$$

Bei gleicher linker Seite, lassen sich also die beiden rechten Seiten gleichsetzen

$$\frac{7}{3} - \frac{2}{3} x_1 = 3x_1 - 3 \quad \Rightarrow \quad x_1 = \frac{16}{11}. \tag{8.11}$$

Durch Einsetzen von $x_1$ in eine der beiden Gleichungen erhalten wir für die andere Unbekannte die schon aus dem Einsetzungsverfahren bekannte Lösung.

■ **Methode 3: Eliminationsverfahren**

Dieses Verfahren ist das einzige der drei Verfahren, welches systematisch auf eine höhere Zahl von Gleichungen erweitert werden kann. Diese Methode hat sich daher insbesondere bei Computeranwendungen durchgesetzt.

Eine der beiden Gleichungen wird so mit einer von Null verschiedenen Zahl multipliziert, dass eine Addition oder Subtraktion dieser umgeformten Gleichung mit einer anderen Gleichung das System vereinfacht. Hier in diesem einfachen Fall verschwindet nach der Subtraktion bzw. Addition eine der beiden Unbekannten in der nicht umgeformten Gleichung. Diese Veränderung einer Gleichung ist zulässig, da es eine Äquivalenzumformung ist, die Lösungsmenge also nicht beeinflusst wird.

Wir bleiben beim gleichen Beispiel, und multiplizieren die zweite Gleichung mit drei. Damit erhalten wir für dieses einfache LGS

$$\begin{aligned} 2x_1 + 3x_2 &= 7 \\ 9x_1 - 3x_2 &= 9 \end{aligned} \tag{8.12}$$

Nun addieren wir die zweite Gleichung zur ersten und erhalten eine Gleichung ohne die Unbekannte $x_2$.

$$11x_1 = 16 \Rightarrow x_1 = \frac{16}{11} \tag{8.13}$$

Nach Einsetzen dieser Lösung in eine der beiden Gleichungen erhalten wir

$$x_2 = \frac{15}{11}. \tag{8.14}$$

In allen drei Fällen ist die Lösungsmenge natürlich identisch. Für mehr als zwei Gleichungen bietet sich die dritte Methode an, wie oben begründet.

### ■ Lineare Gleichungssysteme von n Gleichungen

Für die Anwendung des Eliminationsverfahrens wiederholen wir hier die Umformungen, die die Lösungsmenge eines LGS nicht verändern (Äquivalenzumformungen).

- Die Reihenfolge der Gleichungen kann vertauscht werden.
- Eine Gleichung darf mit einer reellen Zahl ungleich Null multipliziert werden.
- Zu einer Gleichung kann ein Vielfaches einer anderen Gleichung addiert werden.

Es muss nicht immer eine Lösung des LGS geben. Bei den obigen Fällen haben wir uns nur auf einfache, lösbare Beispiele beschränkt, um die Rechentechniken zu üben.
Wir betrachten daher nun Beispiele von LGS mit besonderen Eigenschaften.

### ■ Unlösbares LGS

$$\begin{aligned} x_1 - x_2 &= 1 \\ x_1 - x_2 &= 0 \end{aligned} \tag{8.15}$$

Die beiden linken Seiten sind identisch, aber die beiden rechten nicht. Dies ist ein Widerspruch. Es gibt also überhaupt keine reellen Zahlen für $x_1$ und $x_2$, die dieses System erfüllen. Auch die Zahl Null für $x_1$ und $x_2$ wäre keine Lösung, da eine der rechten Seiten ungleich Null ist.

### ■ Unendlich viele Lösungen

Wir betrachten ein System, welches auf den ersten Blick eine eindeutige Lösung zulässt.

$$\begin{aligned} 3x_1 - 6x_2 &= 0 \\ -x_1 + 2x_2 &= 0 \end{aligned} \tag{8.16}$$

Wendet man das Einsetzungsverfahren für $x_1$ an, und setzt diesen Term aus der zweiten Gleichung in die erste ein, erhält man

$$6x_2 - 6x_2 = 0. \tag{8.17}$$

Dies ist keine neue Information, es kann daher auch kein bestimmtes $x_2$ als Lösung ermittelt werden, da die Gleichung für alle $x_2$ gültig ist.

Bevor man das Einsetzungsverfahren anwendet, erkennt man schon, dass die beiden Gleichungen zu wenig Informationen enthalten, das System also quasi unterbestimmt ist. Die zweite Gleichung ist nämlich eine Äquivalenzumformung (Multiplikation mit $-1/3$) der ersten. Eine der beiden Gleichungen ist also überflüssig. Es verbleibt als einzige Information die Gleichung

$$3x_1 - 6x_2 = 0. \tag{8.18}$$

Bei einer Gleichung mit zwei Unbekannten hat man die Wahl, eine Zahl für eine der beiden Unbekannten festzulegen. Wir wählen den reellen Parameter t als Lösung für $x_2$. Dann gilt

$$x_1 = 2t. \tag{8.19}$$

Die gesamte Lösungsmenge lautet also

$$L = \left\{ (2t,t) \,|\, t \in \mathbb{R} \right\}. \tag{8.20}$$

Da t eine beliebige reelle Zahl ist, enthält die Lösungsmenge unendlich viele Lösungen.

Diese besonderen Fälle haben wir an einem einfachen LGS demonstriert, aber es lässt sich zeigen, dass diese Eigenschaften verallgemeinert werden können.

### ■ Anzahl der Lösungen eines LGS

Ein reelles LGS hat entweder **keine, genau eine** oder **unendlich viele** Lösungen.

Die besonderen Fälle (keine, bzw. unendlich viele Lösungen) lassen sich geometrisch (für ein einfaches LGS) veranschaulichen.

Wir wissen, dass die Gleichung

$$a_1 x_1 + a_2 x_2 = b. \tag{8.21}$$

eine Geradengleichung darstellt, es dürfen jedoch nicht alle Koeffizienten $a_i$ Null sein.

Wir betrachten die beiden Geradengleichungen

$$\begin{aligned} x_1 + x_2 &= 1 &\Rightarrow&& x_2 &= -x_1 + 1 \\ 2x_1 - x_2 &= 5 &\Rightarrow&& x_2 &= 2x_1 - 5, \end{aligned} \tag{8.22}$$

deren Steigungen sich im Vorzeichen der Steigung unterscheiden, denn der Koeffizient bei $x_1$ gibt die Steigung wieder.

Wir erwarten daher (Geraden sind ja unendlich lang) einen Schnittpunkt. Die Grafik ◘ Abb. 8.1 zeigt diesen als eindeutige Lösung des LGS.

Bei Geraden, die das gleiche Steigungsvorzeichen, aber verschiedene Achsenabschnitte haben, liegt eine Parallelverschiebung vor (◘ Abb. 8.2).

**▪ Abb. 8.1**   Der Geradenschnittpunkt ist die Lösungsmenge

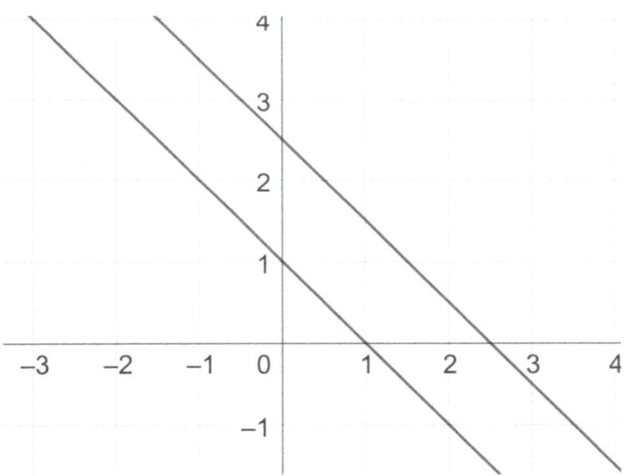

**▪ Abb. 8.2**   Bei parallelen Geraden ist die Lösungsmenge leer

$$x_1 + x_2 = 1 \quad \Rightarrow \quad x_2 = -x_1 + 1$$
$$2x_1 + 2x_2 = 5 \quad \Rightarrow \quad x_2 = -x_1 + \frac{5}{2}$$

$$(8.23)$$

Die Lösungsmenge ist daher leer. Parallele Geraden haben keine Schnittpunkte.

### ▪ LGS in Stufenform

Zur Erklärung der Umformung eines LGS in ein effizient zu lösendes Stufensystem ist ein Beispiel mit nur drei Gleichungen hilfreich.

$$\begin{aligned}
x_1 + x_2 - x_3 &= 0 &\quad &\text{Gleichung I} \\
2x_2 - x_3 &= 1 &\quad &\text{Gleichung II} \\
x_3 &= 3 &\quad &\text{Gleichung III}
\end{aligned} \tag{8.24}$$

Die Gleichungen sind bewusst so angeordnet, dass die kürzeste unten steht, und die Zahl der Unbekannten je Gleichung nach oben zunimmt. Dies ist zulässig, da die Reihenfolge von Gleichungen keine Rolle spielt.

Wir lösen dieses System rückwärts, d. h. die Lösung für $x_3$ aus Gleichung III wird in Gleichung II eingesetzt.

$$2x_2 - 3 = 1 \quad \Rightarrow \quad x_2 = 2 \tag{8.25}$$

Damit ist Gleichung II also direkt lösbar.

Einsetzen der jetzt bekannten Größen $x_3$ und $x_2$ in Gleichung I liefert

$$x_1 + 2 - 3 = 0 \quad \Rightarrow \quad x_1 = 1. \tag{8.26}$$

Damit lautet die Lösungsmenge

$$L = \{1,\, 2,\, 3\}. \tag{8.27}$$

Noch einfacher (aber das ist nicht auf Anhieb sichtbar) ist das Lösen eines LGS in reduzierter Stufenform. Reduziert bedeutet, dass einzelne unbekannte Größen nur in einer Gleichung auftauchen. Im folgenden Beispiel enthält nur Gleichung I die Variable $x_1$, und nur Gleichung II die Variable $x_2$.

$$\begin{aligned}
\text{Gleichung I} \quad & x_1 + x_4 - x_5 = 0 \\
\text{Gleichung II} \quad & x_2 - x_4 - x_5 = 6 \\
\text{Gleichung III} \quad & x_3 + 3x_4 - 2x_5 = 3
\end{aligned} \tag{8.28}$$

In diesem LGS sind also die ersten drei Unbekannten ($x_1$, $x_2$, $x_3$) nur Funktionen von $x_4$ und $x_5$. Bei Festlegung von $x_4$ und $x_5$ sind alle Unbekannten damit eindeutig bestimmt.

Dies liegt auch daran, dass nur drei Gleichungen für fünf Unbekannte vorhanden sind. Derartig unterbestimmte Systeme, und die freien Parameter, die daraus resultieren, werden in Vorlesungen näher untersucht.

Wir wählen in unserem Beispiel die reellen Zahlen $t_1$ und $t_2$ als Lösungen für $x_4$ und $x_5$. Diese reellen Zahlen $t_1$ und $t_2$ sind freie Parameter, also beliebige Zahlen.

Es gilt also

$$x_4 = t_1 \qquad x_5 = t_2. \tag{8.29}$$

Damit ergibt sich für die gesamte Lösungsmenge

$$L = \left\{\left(4 - t_1 + t_2,\; 6 + 2t_1 - 3t_2,\; 3 - 3t_1 + 2t_2,\; t_1,\; t_2\right) \;\middle|\; t_1, t_2 \in \mathbb{R}\right\}. \tag{8.30}$$

Damit haben wir einfache Beispiele mit wenigen Gleichungen diskutiert und sind nun in der Lage, ein beliebiges LGS präziser zu definieren.

---

**Definition**

Seien m und n natürliche Zahlen. Dann ist ein lineares Gleichungssystem mit m Gleichungen und n Unbekannten die folgende Anordnung von Gleichungen

$$
\begin{aligned}
a_{11}x_1 &+ a_{12}x_2 &+ \ldots &+ a_{1n}x_n &= b_1 \\
a_{21}x_1 &+ a_{22}x_2 &+ \ldots &+ a_{2n}x_n &= b_2 \\
\vdots & \vdots & & \vdots & \vdots \\
a_{m1}x_1 &+ a_{m2}x_2 &+ \ldots &+ a_{mn}x_n &= b_n
\end{aligned}
\tag{8.31}
$$

Die Koeffizienten $a_{ij}$ und $b_i$ sind reelle Zahlen. Für die Indizes gilt

$$
1 \leq i \leq m \qquad 1 \leq j \leq n.
\tag{8.32}
$$

Eine Folge $l_1, l_2, \ldots l_n$ von reellen Zahlen heißt eine Lösung, wenn diese Zahlen anstelle von $x_1, x_2, x_n$ alle Gleichungen lösen.
Die Menge aller solcher Folgen bildet dann die gesamte Lösungsmenge des LGS.

---

Durch elementare Umformungen bringt man jedes LGS in eine Stufenform, die für eine effiziente Berechnung der Lösung besonders geeignet ist.

Wir wiederholen kurz diese elementaren Umformungen (die alle Äquivalenzumformungen sind):

- Zwei Gleichungen werden vertauscht.
- Eine Gleichung wird mit einem Faktor $\lambda$ (der nicht Null sein darf) multipliziert, also vervielfacht.
- Zu einer Gleichung wird das $\lambda$-Fache einer anderen Gleichung addiert.

Bei Anwendung dieser Umformungen ändert sich die Lösungsmenge des LGS **nicht.**

Ist die Stufenform realisiert, kann man die Lösbarkeit des LGS leichter bestimmen. Ist es lösbar, wendet man das rückwertige Einsetzen der Gleichung in die Gleichung darüber an (◘ Abb. 8.3). Dies nennt man auch das Eliminationsverfahren von Gauß.

◘ Abb. 8.4 und 8.5 zeigen Fälle von beliebig vielen Lösungen bzw. gar keine Lösung eines LGS.

◘ **Abb. 8.3**  Lernvideo: Lineares Gleichungssystem (LGS). (▶ https://doi.org/10.1007/000-h04)

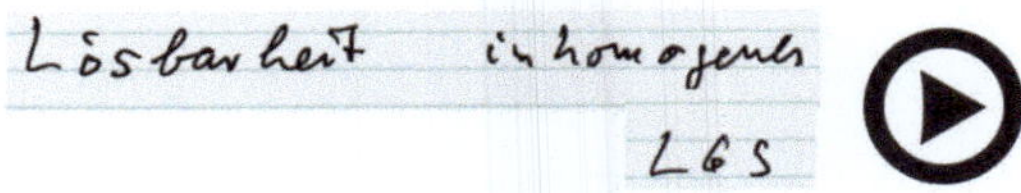


**Abb. 8.4**    Lernvideo: Lösbarkeit eines LGS. (► https://doi.org/10.1007/000-h03)



**Abb. 8.5**    Lernvideo: Lösbarkeit inhomogenes LGS. (► https://doi.org/10.1007/000-h05)

### ■ In aller Kürze

Das Einsetzungs- und das Gleichsetzungsverfahren sind Methoden, die für eine geringe Anzahl von Gleichungen brauchbar sind. Bei größeren Gleichungssystemen (in der Praxis sind hundert Gleichungen keine Seltenheit) ist die Eliminationsmethode effizienter. Diese ist für Computeralgorithmen brauchbar. Das Grundkonzept und die Darstellung eines LGS in Stufenform ist jetzt verständlich.

### ■ Ausblick

Lineare Gleichungssysteme sind die Grundlage der linearen Algebra. Es gibt in vielen Bereichen (auch außerhalb der Mathematik) Fragestellungen, die zu riesigen Gleichungssystemen mit sehr vielen Unbekannten führen. Ein Beispiel aus der heutigen Zeit ist der Algorithmus, der bei Internet Suchmaschinen eingebaut ist. Bei der Darstellung von Treffern des gesuchten Begriffs geht es auch darum, wie oft eine Seite, die den gesuchten Begriff enthält, auf andere Seiten verweist, und wie oft andere Seiten auf die Trefferseite verweisen. Dadurch entstehen riesige Gleichungssysteme, die nur mit großen Computern effizient zu lösen sind. Eine Methode, dies mit dem Computer sehr elegant zu machen, ist der gaußsche Algorithmus.

Der Zusammenhang zwischen dem gaußschen Algorithmus und den Eigenschaften eines LGS wird an der Hochschule weiter systematisch ausgebaut. In den Vorlesungen wird dann eine strikte Unterteilung von LGS vorgenommen. Falls der Lösungsvektor (die rechte Seite eines LGS) verschwindet, spricht man von einem homogenen LGS. Falls der Lösunsgvektor nicht verschwindet, also von Null verschiedene Komponenten aufweist, nennt man diese LGS ein inhomogenes LGS. Für die Lösungsmenge beider Systeme (homogen und inhomogen) gibt es Kriterien in bezug auf die Lösbarkeit des Systems. Dabei können folgende Fälle auftreten:

- Das LGS hat genau eine Lösung.
- Das LGS hat unendlich viele Lösungen.
- Das LGS hat keine Lösung.

Die Untersuchung der Lösungsmenge wird in Vorlesungen dann aber meist in Zusammenhang mit der Matrizendarstellung eines LGS untersucht.

- **Aufgaben und Verständnisfragen**

**8.1**

Lösen Sie die beiden linearen Gleichungssysteme (die hier aus Übungsgründen nur aus zwei Gleichungen bestehen). Wenden Sie das Einsetzungsverfahren an.

$$
\text{a)} \quad
\begin{aligned}
3x &= 4y - 15 \\
5y &= 11 - 4x
\end{aligned}
$$

$$
\text{b)} \quad
\begin{aligned}
18x - 25y &= 31,2 \\
23,4x - 32,5y &= 23,4
\end{aligned}
$$

(8.33)

**8.2**

Lösen Sie die beiden Gleichungssystem mittels Gauß-Algorithmus.

$$
\text{a)} \quad
\begin{array}{rrrcr}
2x & -3y & -2z & = & 12 \\
3x & +5y & -3z & = & -1 \\
4x & +2y & -4z & = & 8
\end{array}
$$

$$
\text{b)} \quad
\begin{array}{rrrrcr}
2a & +3b & -2c & -11d & = & -9 \\
-3a & +b & +3c & +10d & = & 7 \\
5a & -4b & +2c & -2d & = & 10 \\
3a & +3b & -5c & -19d & = & -18
\end{array}
$$

(8.34)

**8.3**

Für welche reellen Zahlen $\lambda$ ist das Gleichungssystem lösbar? Ermitteln Sie die Lösungen für alle $\lambda$.

$$
\begin{array}{rrrcr}
x & +y & +z & = & 3 \\
3x & +5y & +z & = & 9 \\
2x & +3y & +z & = & \lambda^2 - 4\lambda + 6 \\
5x & +6y & +\lambda z & = & 15
\end{array}
$$

(8.35)

**8.4**

Haben reelle lineare Gleichungssysteme mit 2 verschiedenen Lösungen stets unendlich viele Lösungen?

## Literatur

Arens T, Hettlich F, Karpfinger C, Kockelkorn U, Lichtenegger K, Stachel H (2018) Mathematik. Kap. 14, 4. Aufl. Springer, Berlin/Heidelberg

Ruhrländer M (2019) Brückenkurs Mathematik. Kap. 3.3, 2. Aufl. Pearson Deutschland Verlag, Hallbergmoos

# Matrizen und lineare Gleichungssysteme

## Inhaltsverzeichnis



**Ergänzende Information** Die elektronische Version dieses Kapitels enthält Zusatzmaterial, auf das über folgenden Link zugegriffen werden kann [https://doi.org/10.1007/978-3-658-48666-2_9]. Die Videos lassen sich durch Anklicken des DOI-Links in der Legende einer entsprechenden Abbildung abspielen, oder indem Sie diesen Link mit der SN More Media App scannen.

Matrizen sind zunächst nur rechteckige Schemata mit einer Anordnung von Zahlen, die man Komponenten einer Matrix nennt. Die Position der Zahlen in diesem Schema wird durch Indizes an den Zahlen (ähnlich wie bei Vektoren) dargestellt. Mit Matrizen lassen sich LGS sehr elegant formulieren. Die Umwandlung eines LGS, z. B. in eine für die Computeralgebra taugliche Stufenform, lässt sich kompakt formulieren.

Darüber hinaus sind Matrizen aber auch eigenständige mathematische Objekte, mit denen man rechnen kann. Man kann sowohl Matrizen untereinander verknüpfen, als auch mit Zahlen bzw. Vektoren. Diese grundlegenden Rechenoperationen (Addition und Multiplikation) werden hier erläutert.

**Lernziele**
- Zusammenhang LGS mit einer Matrix.
- Addition von Matrizen.
- Matrixmultiplikation mit Skalaren, Vektoren.
- Matrix-Matrix Multiplikation.
- Einheitsmatrix.

Wir betrachten erneut das allgemeine LGS

$$
\begin{array}{ccccccccc}
a_{11}x_1 & + & a_{12}x_2 & + & \ldots & + & a_{1n}x_n & = & b_1 \\
a_{21}x_1 & + & a_{22}x_2 & + & \ldots & + & a_{2n}x_n & = & b_2 \\
\vdots & & \vdots & & & & \vdots & & \vdots \\
a_{m1}x_1 & + & a_{m2}x_2 & + & \ldots & + & a_{mn}x_n & = & b_m
\end{array}
\tag{9.1}
$$

Die Unbekannten tauchen auf der linken Seite in jeder Gleichung auf.

Daher kann man auch (formal) die Koeffizienten der linken Seite in einer Koeffizientenmatrix darstellen, wobei hier eine Matrix zunächst einmal nur eine Anordnung von Zahlen ist. Diese Koeffizientenmatrix der linken Seite lautet

$$
A = \begin{pmatrix}
a_{11} & a_{12} & \ldots & a_{1n} \\
a_{21} & a_{22} & \ldots & a_{2n} \\
\vdots & \vdots & \ldots & \vdots \\
a_{m1} & a_{m2} & \ldots & a_{mn}
\end{pmatrix}.
\tag{9.2}
$$

Fügen wir (durch einen senkrechten Strich getrennt) die rechte Seite (aber ohne Gleichheitszeichen) hinzu, lautet die erweiterte Koeffizientenmatrix

$$\left(A|b\right) = \begin{pmatrix} a_{11} & a_{12} & \cdots & a_{1n} & b_1 \\ a_{21} & a_{22} & \cdots & a_{2n} & b_2 \\ \vdots & \vdots & \cdots & \vdots & \vdots \\ a_{m1} & a_{m2} & \cdots & a_{mn} & b_m \end{pmatrix}. \tag{9.3}$$

Es ist keine neue Information entstanden, aber auch keine verloren gegangen. Jedes LGS lässt sich durch diese Darstellung beschreiben. Dies zeigt das folgende Beispiel.

Ein LGS in der uns schon bekannten Form

$$\begin{aligned} x_1 &+ 2x_2 &- x_3 &= 7 \\ 2x_1 &+ 7x_2 &+ 4x_3 &= 29. \\ -3x_1 &+ 3x_2 &+ 23x_3 &= 28 \end{aligned} \tag{9.4}$$

Die Koeffizientenmatrix bzw. die erweiterte Koeffizientenmatrix lauten analog zu den obigen Schreibweisen

$$A = \begin{pmatrix} 1 & 2 & -1 \\ 2 & 7 & 4 \\ -3 & 3 & 23 \end{pmatrix} \qquad A_{erweitert} = \begin{pmatrix} 1 & 2 & -1 & 7 \\ 2 & 7 & 4 & 29 \\ -3 & 3 & 23 & 28 \end{pmatrix}. \tag{9.5}$$

Mit einer Koeffizientenmatrix lässt sich also jedes LGS elegant und kompakt darstellen. Die Umformung in eine Stufenform (für den gaußschen Algorithmus) erspart damit auch Schreibarbeit, die zu Flüchtigkeitsfehlern führen kann.

Aber mit einer Matrix lassen sich auch unabhängig von einem LGS mathematische Operationen durchführen.

Zur Vorbereitung wird die Matrixdefinition etwas formaler gefasst.

> **Definition**
>
> Eine Matrix A (Plural Matrizen, dieser werden üblicherweise mit einem Großbuchstaben abgekürzt) mit m Zeilen und n Spalten ist ein rechteckiges Zahlenraster der Form
>
> $$A = \begin{pmatrix} a_{11} & a_{12} & \dots & a_{1n} \\ a_{21} & a_{22} & \dots & a_{2n} \\ \vdots & \vdots & \dots & \vdots \\ a_{m1} & a_{m2} & \dots & a_{mn} \end{pmatrix}. \tag{9.6}$$
>
> Die reellen Zahlen $a_{ij}$ (i = 1, 2, …; j = 1,2,…) heißen Einträge der Matrix, die Laufvariablen i und j sind Indizes und geben die Position der Einträge in der Matrix an.
>
> In Anlehnung an die Schreibweise von Vektoren, die auch aus mehreren reellen Zahlen bestehen, nennt man für ein beliebiges k und l die k-te Zeile ($z_k$) und die l-te Spalte ($s_l$) auch den k-ten Zeilen- bzw. l-ten Spaltenvektor
>
> $$A = \begin{pmatrix} & & a_{1l} & & \\ & & \vdots & & \\ a_{k1} & \cdots & a_{kl} & \cdots & a_{kn} \\ & & \vdots & & \\ & & a_{ml} & & \end{pmatrix} \leftarrow z_k \\ \phantom{xxxx} \uparrow \phantom{xxxx} . \\ \phantom{xxxx} s_l \tag{9.7}$$
>
> Außerdem gelten folgende Bezeichnungen.
>
> Falls m=n gilt, ist die Matrix eine quadratische Matrix. Die Einträge $a_{ii}$, … $a_{nn}$ nennt man Diagonalelemente. Sie bilden zusammen die Diagonale.
>
> $$\mathrm{diag}(a_{11},\dots,a_{nn}) = \begin{pmatrix} a_{11} & \cdots & 0 \\ \vdots & \ddots & \vdots \\ 0 & \cdots & a_{nn} \end{pmatrix} \in \mathbb{R}^{n \times n} \tag{9.8}$$
>
> Eine Nullmatrix ist eine Matrix mit Nullen auf allen Matrixpositionen.
>
> Eine besondere Matrix ist die Einheitsmatrix E
>
> $$E_n = \begin{pmatrix} 1 & \cdots & 0 \\ \vdots & \ddots & \vdots \\ 0 & \cdots & 1 \end{pmatrix} = \mathrm{diag}(1,\dots,1). \tag{9.9}$$

## Addition von Matrixen

> **Definition**
>
> Die Matrizen A und B haben die gleiche Anzahl von Spalten und Vektoren. Dann ist eine Addition möglich. Aus zwei mxn Matrizen A und B entsteht also wieder eine mxn Matrix C. Für zwei Matrizen A und B, die ein verschiedenes Format haben, ist keine Addition definiert.
>
> $$C = A + B = \begin{pmatrix} a_{11} + b_{11} & a_{12} + b_{12} & \dots & a_{1n} + b_{1n} \\ a_{21} + b_{21} & a_{22} + b_{22} & \dots & a_{2n} + b_{2n} \\ \vdots & \vdots & \dots & \vdots \\ a_{m1} + b_{m1} & a_{m2} + b_{m2} & \dots & a_{mn} + b_{mn} \end{pmatrix} \tag{9.10}$$
>
> $$\left[ c_{ij} \right]_{m,n} = \left[ a_{ij} + b_{ij} \right]_{m,n}$$
>
> Dabei wurde folgende Schreibweise als Abkürzung für komplette Matrizen eingeführt.
>
> $$C = \left[ c_{ij} \right]_{m,n} \quad A = \left[ a_{ij} \right]_{m,n} \quad B = \left[ b_{ij} \right]_{m,n} \tag{9.11}$$

Ein einfaches Beispiel zeigt diese Summenbildung.

$$A + B = \begin{pmatrix} 2 & 3 & 7 \\ 1 & 0 & 2 \end{pmatrix} + \begin{pmatrix} -3 & 0 & 2 \\ 5 & -1 & -2 \end{pmatrix} = \begin{pmatrix} -1 & 3 & 9 \\ 6 & -1 & 0 \end{pmatrix} \tag{9.12}$$

Die folgende Addition ist aber nicht durchführbar, da die Matrizen ein unterschiedliches Format besitzen.

$$A + B = \begin{pmatrix} 2 & 3 & 7 \\ 1 & 0 & 2 \end{pmatrix} + \begin{pmatrix} 7 & 5 \\ 1 & -1 \end{pmatrix} \quad \text{nicht definiert} \tag{9.13}$$

## Subtraktion von Matrixen

> **Definition**
>
> Die Kombination von Addition und skalarer Multiplikation ermöglicht die Subtraktion.
>
> Die Subtraktion wird als Summe von gleichartigen Matrizen durchgeführt, wobei eine Matrix vorher mit $(-1)$ multipliziert wurde.
>
> $$\lambda = -1$$
>
> $$C = A - B = A + \lambda \cdot B = \begin{pmatrix} a_{11} - b_{11} & a_{12} - b_{12} & \dots & a_{1n} - b_{1n} \\ a_{21} - b_{21} & a_{22} - b_{22} & \dots & a_{2n} - b_{2n} \\ \vdots & \vdots & \dots & \vdots \\ a_{m1} - b_{m1} & a_{m2} - b_{m2} & \dots & a_{mn} - b_{mn} \end{pmatrix} \tag{9.14}$$

■ **Multiplikation einer Zahl mit einer Matrix**

Für die skalare Multiplikation gilt:

---

**Definition**

Sei $\lambda$ eine reelle Zahl. Dann gilt

$$\lambda \cdot A = \begin{pmatrix} \lambda a_{11} & \lambda a_{12} & \ldots & \lambda a_{1n} \\ \lambda a_{21} & \lambda a_{22} & \ldots & \lambda a_{2n} \\ \vdots & \vdots & \ldots & \vdots \\ \lambda a_{m1} & \lambda a_{m2} & \ldots & \lambda a_{mn} \end{pmatrix}. \tag{9.15}$$

Es ist also

$$3 \cdot \begin{pmatrix} 2 & 3 & 7 \\ 1 & 0 & 2 \end{pmatrix} = \begin{pmatrix} 6 & 9 & 21 \\ 3 & 0 & 6 \end{pmatrix}. \tag{9.16}$$

---

## Multiplikation einer Matrix mit einem Vektor

---

**Definition**

Es sei A eine m x n Matrix, also eine Matrix mit m Zeilen und n Spalten. Der Vektor v ist ein Vektor mit n Komponenten. Dann ist die Multiplikation einer Matrix mit einem Vektor definiert als

$$\begin{pmatrix} a_{11} & a_{12} & \ldots & a_{1n} \\ a_{21} & a_{22} & \ldots & a_{2n} \\ \vdots & \vdots & \ldots & \vdots \\ a_{m1} & a_{m2} & \ldots & a_{mn} \end{pmatrix} \cdot \begin{pmatrix} v_1 \\ v_2 \\ \\ v_n \end{pmatrix} = \begin{pmatrix} a_{11}v_1 + a_{12}v_2 + \cdots + a_{1n}v_n \\ a_{21}v_1 + a_{22}v_2 + \cdots a_{2n}v_n \\ \vdots \\ a_{m1}v_1 + a_{m2}v_2 + \ldots a_{mn}v_n \end{pmatrix}. \tag{9.17}$$

Das Ergebnis ist wieder ein Vektor.

**Hinweis:** Diese Multiplikation ist nur gültig, wenn die Matrix genauso viele Spalten hat, wie der Vektor Komponenten hat. Der Ergebnisvektor hat dann genauso viele Komponenten wie die Matrix Zeilen hat. Andere Matrix-Vektormultiplikationen gibt es nicht.

---

Wir betrachten zwei Beispiele, auch um zu verdeutlichen, welche Multiplikationen nicht möglich sind.

$$A \cdot \vec{x} = \begin{pmatrix} 4 & 2 & 3 \\ -1 & 6 & 1 \end{pmatrix} \cdot \begin{pmatrix} 2 \\ 3 \\ 1 \end{pmatrix} = \begin{pmatrix} 4 \cdot 2 + 2 \cdot 3 + 3 \cdot 1 \\ -1 \cdot 2 + 6 \cdot 3 + 1 \cdot 1 \end{pmatrix} = \begin{pmatrix} 17 \\ 17 \end{pmatrix} \tag{9.18}$$

Diese Multiplikation ist möglich, da die Matrix A genauso viele Spalten wie der Vektor Komponenten hat, nämlich drei.

Eine „Eselsbrücke" für die Matrix-Vektormultiplikation ist die Regel, dass man sukzessive die Zeilenvektoren der Matrix mit dem Spaltenvektor skalar multipliziert. Bei Matrizen mit zwei Zeilenvektoren ist dies zweimal möglich. Daher ist das Ergebnis ein Vektor mit zwei Einträgen.

Die folgende Multiplikation ist nicht möglich, da die Kombination aus Zeilen der Matrix und Einträgen des Vektors nicht zusammen passt.

$$\begin{pmatrix} 2 & -1 \\ 0 & 3 \end{pmatrix} \cdot \begin{pmatrix} 1 \\ 2 \\ 3 \end{pmatrix} \quad \text{nicht definiert} \tag{9.19}$$

Beim ersten Beispiel (Gl. 9.18) hat die Matrix soviel Spalten wie der Vektor Komponenten hat, beim zweiten Beispiel (Gl. 9.19) gilt dies nicht.

Die Einheitsmatrix reproduziert den Ausgangsvektor.

$$\begin{pmatrix} 1 & 0 & 0 \\ 0 & 1 & 0 \\ 0 & 0 & 1 \end{pmatrix} \cdot \begin{pmatrix} 2 \\ 3 \\ 1 \end{pmatrix} = \begin{pmatrix} 1 \cdot 2 + 0 \cdot 3 + 0 \cdot 1 \\ 0 \cdot 2 + 1 \cdot 3 + 0 \cdot 1 \\ 0 \cdot 2 + 0 \cdot 3 + 1 \cdot 1 \end{pmatrix} = \begin{pmatrix} 2 \\ 3 \\ 1 \end{pmatrix} \tag{9.20}$$

Ein LGS kann also auch als Matrix-Vektor Multiplikation aufgefasst werden.

$$A \cdot \vec{x} = \vec{b} \quad \Rightarrow \quad \begin{matrix} a_{11}x_1 & + & a_{12}x_2 & + & \dots & + & a_{1n}x_n & = & b_1 \\ a_{21}x_1 & + & a_{22}x_2 & + & \dots & + & a_{2n}x_n & = & b_2 \\ \vdots & & \vdots & & & & \vdots & & \vdots \\ a_{m1}x_1 & + & a_{m2}x_2 & + & \dots & + & a_{mn}x_n & = & b_m \end{matrix} \tag{9.21}$$

## Multiplikation einer Matrix mit einer Matrix

> **Definition**
>
> Seien A und B Matrizen mit den Eigenschaften
>
> $$A \in \mathbb{R}^{r \times n} \text{ und } B \in \mathbb{R}^{n \times s}. \tag{9.22}$$
>
> Dann ist das Produkt der beiden Matrizen erklärt als
>
> $$A \cdot B = \sum_{j=1}^{n} a_{ij} \cdot b_{jk} \text{ mit } c_{ik} = \vec{z}_i \cdot \vec{s}_k = \sum_{j=1}^{n} a_{ij} \cdot b_{jk}. \tag{9.23}$$
>
> Als Ergebnis erhalten wir wieder eine Matrix mit r Zeilen und s Spalten
>
> Aus Platz- und Veranschaulichungsgründen wählen wir zwei Matrizen mit nur drei Spalten und drei Zeilen.
>
> $$A \cdot B = \left[ a_{ij} \right]_{r,n} \cdot \left[ b_{jk} \right]_{n,s} = \begin{pmatrix} a_{11} & a_{12} & a_{13} \\ a_{21} & a_{22} & a_{23} \\ a_{31} & a_{32} & a_{33} \end{pmatrix} \cdot \begin{pmatrix} b_{11} & b_{12} & b_{13} \\ b_{21} & b_{22} & b_{23} \\ b_{31} & b_{32} & b_{33} \end{pmatrix}$$
>
> $$= \begin{pmatrix} a_{11}b_{11} + a_{12}b_{21} + a_{13}b_{31} & a_{11}b_{12} + a_{12}b_{22} + a_{13}b_{32} & a_{11}b_{13} + a_{12}b_{23} + a_{13}b_{33} \\ a_{21}b_{11} + a_{22}b_{21} + a_{23}b_{31} & a_{21}b_{12} + a_{22}b_{22} + a_{23}b_{32} & a_{21}b_{13} + a_{22}b_{23} + a_{23}b_{33} \\ a_{31}b_{11} + a_{32}b_{21} + a_{33}b_{31} & a_{31}b_{12} + a_{32}b_{22} + a_{33}b_{32} & a_{31}b_{13} + a_{32}b_{23} + a_{33}b_{33} \end{pmatrix} \tag{9.24}$$
>
> $$A \cdot B = C = \left( c_{ik} \right)_{r,s} \tag{9.25}$$
>
> **Achtung:** dieses Produkt ist nur erklärt für Spaltenzahl von A = Zeilenzahl von B. Die Ergebnismatrix hat also die Eigenschaft
>
> $$C \in \mathbb{R}^{r \times s}. \tag{9.26}$$
>
> **Hinweis:**
>
> Die Matrizenmultiplikation ist nicht kommutativ. Es gilt also im Allgemeinen
>
> $$A \cdot B \neq B \cdot A. \tag{9.27}$$

Zwei Beispiele verdeutlichen, welche Multiplikationen möglich bzw. nicht möglich sind.

$$A \cdot B = \left[a_{ij}\right]_{2,3} \cdot \left[b_{jk}\right]_{3,4}$$

$$\text{Definiert} = \begin{pmatrix} 2 & 3 & 1 \\ 3 & 5 & 0 \end{pmatrix} \cdot \begin{pmatrix} 1 & 2 & 3 & 1 \\ 1 & 0 & 0 & 1 \\ 2 & 5 & 0 & 4 \end{pmatrix} = \begin{pmatrix} 7 & 9 & 6 & 9 \\ 8 & 6 & 9 & 8 \end{pmatrix} \tag{9.28}$$

$$\left[a_{ij}\right]_{2,3} \cdot \left[b_{jk}\right]_{3,4} = \left[c_{ik}\right]_{2,4}$$

$$\text{Nicht definiert} \quad \begin{pmatrix} 2 & 3 & 1 \\ 3 & 5 & 0 \end{pmatrix} \cdot \begin{pmatrix} 1 & 2 & 3 & 1 \\ 1 & 0 & 0 & 1 \end{pmatrix} \tag{9.29}$$

Es gibt weitere Rechenregeln, die aber hier nicht weiter dargestellt werden, da die Matrizenrechnung noch ein wichtiges Thema von Vorlesungen sein wird.

Ein Lernvideo gibt zwei Beispiele für den Unterschied zwischen Skalar- und Matrizenmultiplikation (◘ Abb. 9.1).

Zur Demonstration der Nichtkommutativität genügt ein einfaches Beispiel. Gegeben sind die Matrizen

$$A = \begin{pmatrix} 3 & 4 \\ 5 & 6 \end{pmatrix} \text{ und } B = \begin{pmatrix} 4 & 6 \\ -3 & -5 \end{pmatrix}. \tag{9.30}$$

Dann gilt

$$A \cdot B = \begin{pmatrix} 3 & 4 \\ 4 & 6 \end{pmatrix} \cdot \begin{pmatrix} 4 & 6 \\ -3 & -5 \end{pmatrix} = \begin{pmatrix} 0 & -2 \\ 2 & 0 \end{pmatrix}. \tag{9.31}$$

Aber bei Vertauschung der Matrizen erhalten wir

$$B \cdot A = \begin{pmatrix} 4 & 6 \\ -3 & -5 \end{pmatrix} \cdot \begin{pmatrix} 3 & 4 \\ 5 & 6 \end{pmatrix} = \begin{pmatrix} 42 & 52 \\ -34 & -42 \end{pmatrix}. \tag{9.32}$$

Außerdem kann folgender Fall vorkommen.

$$A \neq 0 \quad B \neq 0 \quad C \neq 0 \quad \text{mit} \quad AC = BC \quad \text{obwohl} \quad A \neq B \tag{9.33}$$

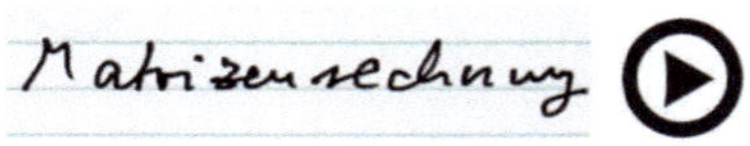

◘ **Abb. 9.1**  Lernvideo: Matrizenrechnung. (▶ https://doi.org/10.1007/000-h07)

Das folgende Beispiel zeigt dies.

$$A = \begin{pmatrix} 2 & -1 \\ -1 & -2 \end{pmatrix} \text{ und } B = \begin{pmatrix} 6 & -18 \\ -4 & 12 \end{pmatrix} \text{ und } C = \begin{pmatrix} 4 & 2 \\ -3 & -8 \end{pmatrix} \tag{9.34}$$

Dann lautet das Produkt A · B

$$A \cdot B = \begin{pmatrix} 2 & -1 \\ 1 & -2 \end{pmatrix} \cdot \begin{pmatrix} 6 & -18 \\ -4 & 12 \end{pmatrix} = \begin{pmatrix} 16 & -48 \\ 14 & -42 \end{pmatrix}. \tag{9.35}$$

Und das Produkt C · B

$$C \cdot B = \begin{pmatrix} 4 & 2 \\ -3 & -8 \end{pmatrix} \cdot \begin{pmatrix} 6 & -18 \\ -4 & 12 \end{pmatrix} = \begin{pmatrix} 16 & -48 \\ 14 & -42 \end{pmatrix}. \tag{9.36}$$

Man kann also keine Matrix aus einem Produkt von Matrizen kürzen.

Eine Diagonalmatrix vervielfacht die Zeilen, wenn sie links im Produkt steht (also die Matrix A ist). Das Beispiel verdeutlicht dies.

$$\begin{pmatrix} a & 0 & 0 \\ 0 & b & 0 \\ 0 & 0 & c \end{pmatrix} \cdot \begin{pmatrix} 1 & 2 & 3 \\ 4 & 5 & 6 \\ 7 & 8 & 9 \end{pmatrix} = \begin{pmatrix} 1a & 2a & 3a \\ 4b & 5b & 6b \\ 7c & 8c & 9c \end{pmatrix} \tag{9.37}$$

Das bedeutet auch, dass bei einer Multiplikation mit einer Einheitsmatrix von links den Ausdruck rechts von dieser Matrix reproduziert. Das Beispiel zeigt diese Eigenschaft.

$$\begin{pmatrix} 1 & 0 & 0 \\ 0 & 1 & 0 \\ 0 & 0 & 1 \end{pmatrix} \cdot \begin{pmatrix} 2 \\ 0 \\ -2 \end{pmatrix} = \begin{pmatrix} 1 \cdot 2 + 0 \cdot 0 + 0 \cdot (-2) \\ 0 \cdot 2 + 1 \cdot 0 + 0 \cdot (-2) \\ 0 \cdot 2 + 0 \cdot 0 + 1 \cdot (-2) \end{pmatrix} = \begin{pmatrix} 2 \\ 0 \\ -2 \end{pmatrix} \tag{9.38}$$

Die Anwendung des gaußschen Algorithmus, um Matrizen zu invertieren, zeigt das Lernvideo (◘ Abb. 9.2).

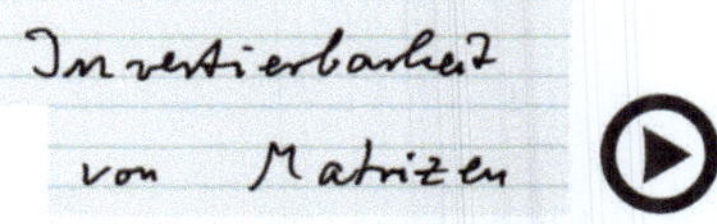


◘ **Abb. 9.2**    Lernvideo: Invertierbarkeit von Matrizen. (▶ https://doi.org/10.1007/000-h06)

- **In aller Kürze**

Matrizen sind wichtige Hilfsmittel zur Lösung von LGS. Matrizen sind aber auch eigenständige Objekte der linearen Algebra, für die bestimmte Rechenregeln gelten. Die wesentlichen Begriffe sind:

- Matrix-Skalar Multiplikation.
- Matrix-Vektor Multiplikation.
- Matrix-Umformung zur Lösung von LGS.

- **Ausblick**

Mit dem gaußschen Algorithmus haben wir eine effiziente Methode zur Lösung von LGS kennen gelernt. Mit der Matrizenrechnung sind weitere Methoden zur Lösung verfügbar. Dazu müssen Matrizen invertiert werden. Das bedeutet, es wird eine Matrix aus einer Ausgangsmatrix bestimmt, sodass das Produkt dieser beiden Matrizen die Einheitsmatrix ist. Mit bestimmten Eigenschaften von Matrizen können Aussagen gemacht werden, ob das LGS überhaupt lösbar ist.

Die Matrizenrechnung erschöpft sich bei Weitem nicht nur ein LGS zu lösen. Mit Matrizen ist es möglich, eine Vielzahl von linearen Prozeßen zu beschreiben.

Eine weitere Möglichkeit, Matrizen zu nutzen, ist der Zusammenhang zwischen Koordinatentransformationen und Matrizen. Alle Transformationen, die auf Drehungen im Raum beruhen, lassen sich effizient mit Matrizen darstellen.

Falls es nur um die Klassifizierung eines LGS in bezug auf Lösbarkeit geht, genügt es, zu zeigen, ob die Inverse einer Matrix existiert.

Ein weiteres Gebiet der linearen Algebra sind Vektorräume. Dazu wird vom hier benutzten Begriff des Vektors als eine gerichtete Größe abstrahiert. Damit können viele Probleme aus verschiedenen Gebieten der Mathematik (und Physik und Technik) mit den gleichen Rechenregeln beschrieben werden. Diese Räume haben dann oft eine Dimension größer als drei, sind also unanschaulich. Aber – wie oft in der Mathematik – ist Anschaulichkeit kein wichtiges Kriterium, um rechnen zu können.

Aus Platzgründen konnten hier nur grundlegende Operationen von Matrizen behandelt werden. Diese waren im Wesentlichen Matrix-Vektor-Multiplikation und Matrix-MatrixMultiplikation. An der Hochschule werden diese Operationen ausgebaut, um auch inverse von Matrizen zu berechnen. Damit ist es möglich, aus dem Produkt zweier Matrizen eine Einheitsmatrix zu berechnen. Außerdem spielen in der Mathematik transponierte Matrizen, und potenzierte Matrizen eine wichtige Rolle. Weitere Eigenschaften von Matrizen werden dann auch in der sogenannten Determinantentheorie behandelt.

- **Aufgaben und Verständnisfragen**

9.1

Berechnen Sie (falls die Ausdrücke definiert sind) die folgenden Summen bzw. Differenzen.

$$A = \begin{pmatrix} 3 & 0 & 1 \\ 2 & -1 & 5 \end{pmatrix} \quad B = \begin{pmatrix} 2 & 0 & 3 \\ 4 & 0 & -1 \end{pmatrix} \quad C = \begin{pmatrix} 2 & 1 \\ 3 & -1 \\ 4 & 3 \end{pmatrix}$$

$$\tag{9.39}$$

$$A+B \quad A+C \quad 2A-3B$$

**9.2**

Gegeben sind eine Matrix A und ein Vektor x. Berechnen Sie das Produkt.

$$A = \begin{pmatrix} 2 & 5 \\ 3 & 6 \\ 4 & 7 \end{pmatrix} \quad \vec{x} = \begin{pmatrix} x_1 \\ x_2 \end{pmatrix} = \begin{pmatrix} -1 \\ 5 \end{pmatrix} \tag{9.40}$$

$$A \cdot \vec{x}$$

**9.3**

Berechnen Sie alle möglichen Matrizenprodukte mit jeweils zwei der folgenden Matrizen.

$$A = \begin{pmatrix} 1 & 2 & 3 \\ 1 & 4 & 6 \end{pmatrix} \quad B = \begin{pmatrix} 1 & 2 \\ 0 & 4 \\ 1 & 0 \end{pmatrix}$$

$$\tag{9.41}$$

$$C = \begin{pmatrix} 1 & 0 & 4 \\ 1 & 1 & 1 \\ 0 & 0 & 3 \end{pmatrix} \quad D = \begin{pmatrix} 1 & 2 \\ 0 & 4 \end{pmatrix}$$

**9.4**

Gegeben sind die Einheitsmatrix und ein beliebiger Vektor im Anschauungsraum. Berechnen Sie das Produkt. Was fällt auf?

$$E = \begin{pmatrix} 1 & 0 & 0 \\ 0 & 1 & 0 \\ 0 & 0 & 1 \end{pmatrix} \quad \vec{x} = \begin{pmatrix} x_1 \\ x_2 \\ x_3 \end{pmatrix}$$

$$\tag{9.42}$$

$$E \cdot \vec{x}$$

## Literatur

Arens T, Hettlich F, Karpfinger C, Kockelkorn U, Lichtenegger K, Stachel H (2018) Mathematik. Kap. 16, 4. Aufl. Springer, Berlin/Heidelberg

Klinger M (2015) Vorkurs Mathematik für Nebenfachstudierende. Kap. 2.5, 1. Aufl. Springer Spektrum Verlag, Wiesbaden

# Lösungen der Aufgaben

### ■ Kap. 1: Grundlagen und Auffrischung der Rechentechniken

*1.1*

Der Ausgangspunkt dieser Aufgabe ist in ◘ Abb. 10.1 dargestellt.
◘ Abb. 10.2 enthält die Lösung zu Aufgabe 1.1a.
◘ Abb. 10.3 enthält die Lösung zu Aufgabe 1.1b.
◘ Abb. 10.4 enthält die Lösung zu Aufgabe 1.1c.

*1.2*

*a)*      *b)*

$$\frac{1}{a} \qquad 2 \tag{10.1}$$

*1.3*

*a)*                      *b)*

$$\frac{5x^3 + 4x^2 - 12}{6x^4} \qquad \frac{1}{a} \tag{10.2}$$

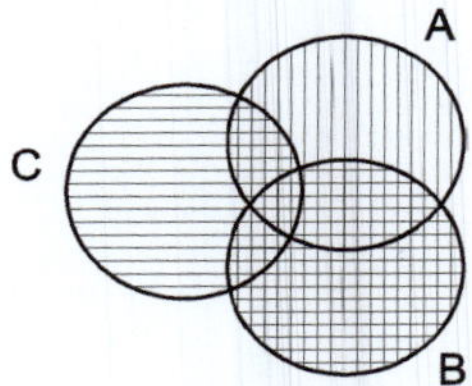


◘ **Abb. 10.1**    Drei Mengen mit gemeinsamen Durchschnitt

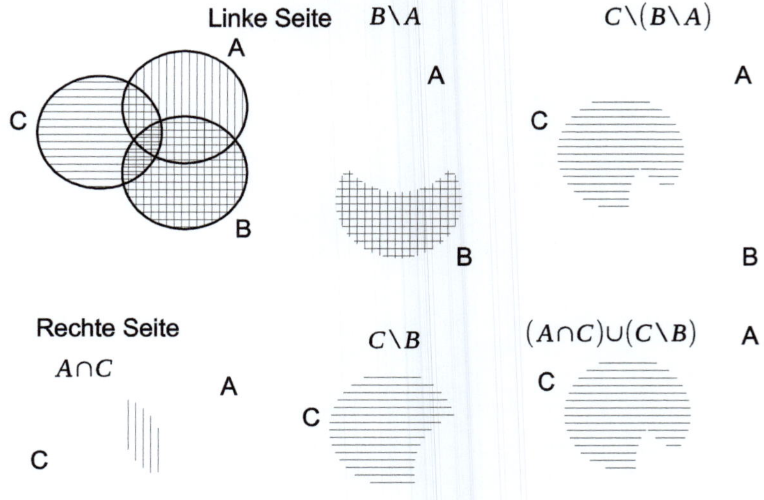


◘ **Abb. 10.2**    Lösung zu Aufgabe 1.1a

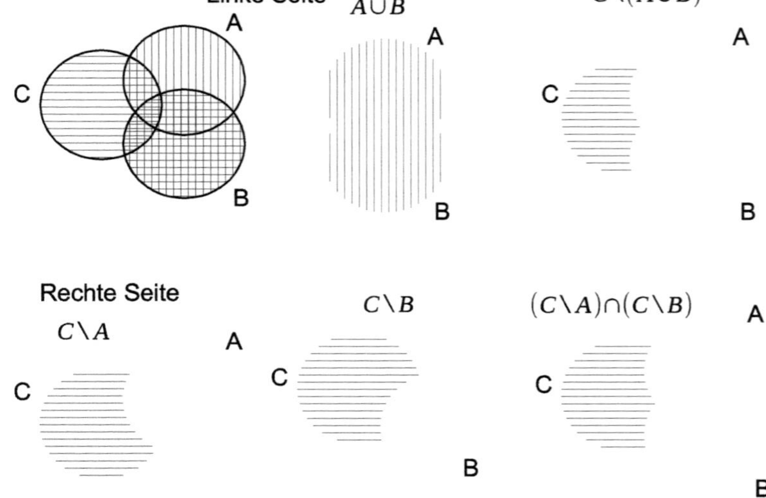



**Abb. 10.3**   Lösung zu Aufgabe 1.1b

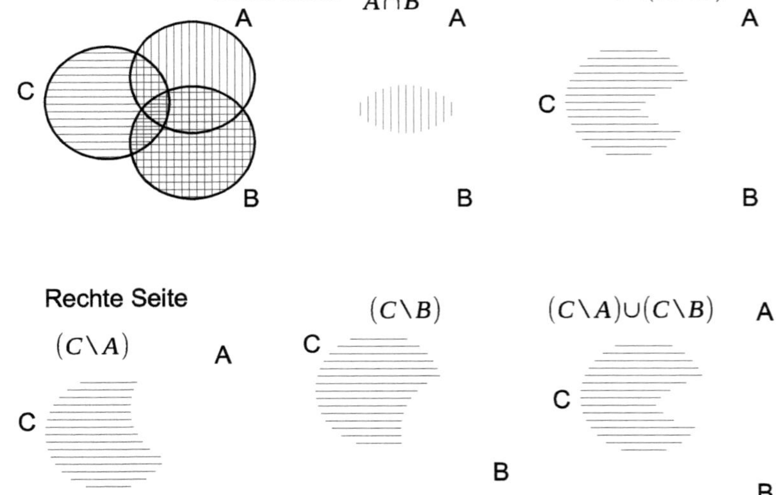



**Abb. 10.4**   Lösung zu Aufgabe 1.1c

*1.4*

| *a)* | *b)* | *c)* |
|------|------|------|
| $\dfrac{4}{3}$ | $-3$ | $8$ |

$$(10.3)$$

*1.5*

Die Zahlen n, n + 1, n + 2 lassen sich umformen zu

$$n + n + 1 + n + 2 = 3n + 3 = 3(n+1) \tag{10.4}$$

*1.6*

*a)*  *b)*  *c)*

$$2ab \qquad (8x+5)^2 \qquad (11-x)\cdot(11+x) \tag{10.5}$$

*1.7*

*a)*  *b)*

$$+13; -7 \qquad \text{nicht lösbar} \tag{10.6}$$

*1.8*

*a)*  *b)*

$$L = \left\{ x \in \mathbb{R} \;\; | x \le 2;\ x \ge 3 \right\} \qquad L = \left\{ x \in \mathbb{R} \;\; | x < 2;\ x \ge \frac{11}{4} \right\} \tag{10.7}$$

### ■ Kap. 2: Elementare Funktionen einer Veränderlichen

*2.1*

■ Tab. 10.1 zeigt eine Übersicht.

*2.2*

*a)*  *b)*

$$\frac{4}{3} \qquad -3 \tag{10.8}$$

*2.3*

$$f^{-1}(y) = \begin{cases} 1 + \sqrt{y-1} & y \ge -1 \\ 1 - \sqrt{\dfrac{y-1}{2}} & y < 1 \end{cases} \tag{10.9}$$

■ **Tab. 10.1**  Zusammenfassung der Lösungen

| | a<br>inj. , ¬ surj. | b<br>surj. , ¬ inj. | c<br>bijektiv |
|---|---|---|---|
| $f_{43}$ | nein | ja | nein |
| $f_{44}$ | nein | nein | ja |
| $f_{45}$ | ja | nein | nein |

**2.4**

Stetig für $x > 1$ und $x \neq 2$　　　　　(10.10)

**2.5**

unstetig bei $x = 0$ nicht behebbar　　　　　(10.11)

**2.6**

a)　　　　　　　　　　　　　　b)

$$f^{-1}(y) = \begin{cases} \sqrt[3]{\dfrac{1}{y}} & y > 0 \\[2ex] -\sqrt[3]{\dfrac{1}{-y}} & y < 0 \end{cases} \qquad f^{-1}(y) = -1 + \dfrac{2}{1-y} \qquad (10.12)$$

**2.7**

$$a)\, D = \mathbb{R} \setminus \{0\} \qquad f(D) = \mathbb{R}_{x>1}$$

$$b)\, D = \mathbb{R} \setminus \{1,-2\} \qquad f(D) = \mathbb{R} \setminus \left\{1, \dfrac{1}{3}\right\} \qquad (10.13)$$

$$c)\, D = \mathbb{R} \setminus \left\{1-\sqrt{(2)}, 1+\sqrt{(2)}\right\} \quad f(D) = \mathbb{R}_{x \geq 0}$$

**2.8**
a)　gerade
b)　ungerade

**2.9**

Periodizität $2\pi$

■　**Kap 3: Einige wichtige Funktionen der Analysis**

**3.1**

$$a)\, x_1 = 2,\, x_2 = 0,\, y_0 = 0$$
$$b)\, x_1 = -1,\, x_2 = -5 \qquad (10.14)$$

**3.2**

$$2x - 7 + \dfrac{13x - 4}{x^2 + x - 1} \qquad (10.15)$$

**3.3**

$$x_1 = 2,\, x_2 = \dfrac{1}{2} \qquad (10.16)$$

**3.4**

a)　　　　b)　　　　c)
$x = 2$　　$x = 3$　　$x = 10^{-2}$　　　　　(10.17)

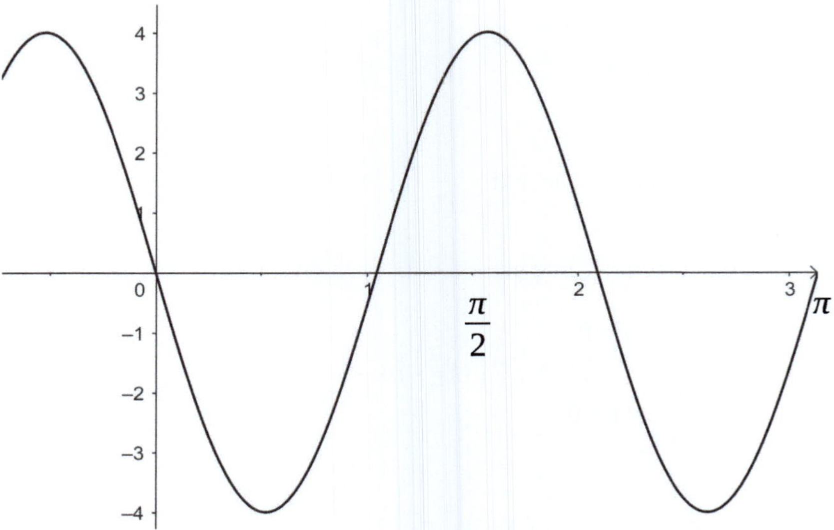

**◘ Abb. 10.5**  Graf der Funktion $f(x) = 4\sin(3x - \pi)$

*3.5*

$$a)\, x = \frac{-127}{64}$$

$$b)\, x = e + 1 \tag{10.18}$$

$$c)\, x_1 = \sqrt[3]{10} \qquad x_2 = \frac{1}{\sqrt[6]{10}}$$

*3.6*

$$\cot(x) = \frac{\pm 1}{3} \cdot \sqrt{3} \tag{10.19}$$

*3.7*

$$\begin{array}{ll} a) & b) \\ \sin(x) & 1 \end{array} \tag{10.20}$$

*3.8*

Die Lösung ist in ◘ Abb. 10.5 dargestellt.

*3.9*

$$\sin(3\alpha) = 3\sin(\alpha) - 4\sin^3\alpha \tag{10.21}$$

- **Kap. 4: Differentialrechnung**

*4.1*

$$a)\, x \in \mathbb{R} \setminus 0$$

$$b)\begin{cases} x \in \mathbb{R} & n \geq 0 \\ x \in \mathbb{R} \setminus 0 & n < 0 \end{cases} \tag{10.22}$$

$$c)\, x \in \mathbb{R} \setminus 1$$

*4.2*

a) Wahr b) Falsch c) Wahr

*4.3*

$$a)\, -2x + \frac{7}{3\sqrt[3]{x^2}}$$

$$b)\, -3x^2 - 10x + 2$$

$$c)\, \frac{2}{x} - 3e^x - \frac{5}{x^2} \tag{10.23}$$

$$d)\, \left(x^2 + 2x - 1\right) \cdot e^x$$

$$e)\, \frac{1 - \ln(x)}{x^2}$$

*4.4*

$$a)\, y'' = \frac{-(2x+1)}{x^2 \cdot (x+1)^2} \tag{10.24}$$

$$b)\, y'' = 18 \cdot \cos(6x)$$

*4.5*

Die Verlauf der Funktion in dieser Aufgabe ist in ◘ Abb. 10.6 dargestellt.

**Definitionsbereich:** $- x \in R \setminus 2$

**Nullstellen:** $-$ keine

**Extrema:** $- E_1(-4; -3)\ E_2(8; 21)$

**Wendepunkte:** $-$ keine

**Polstelle:** $-$ bei $x = 2$

*4.6*

$$r = \frac{h}{2} = \sqrt[3]{\frac{5}{\pi}} \cdot 10^{-1}\, m \tag{10.25}$$

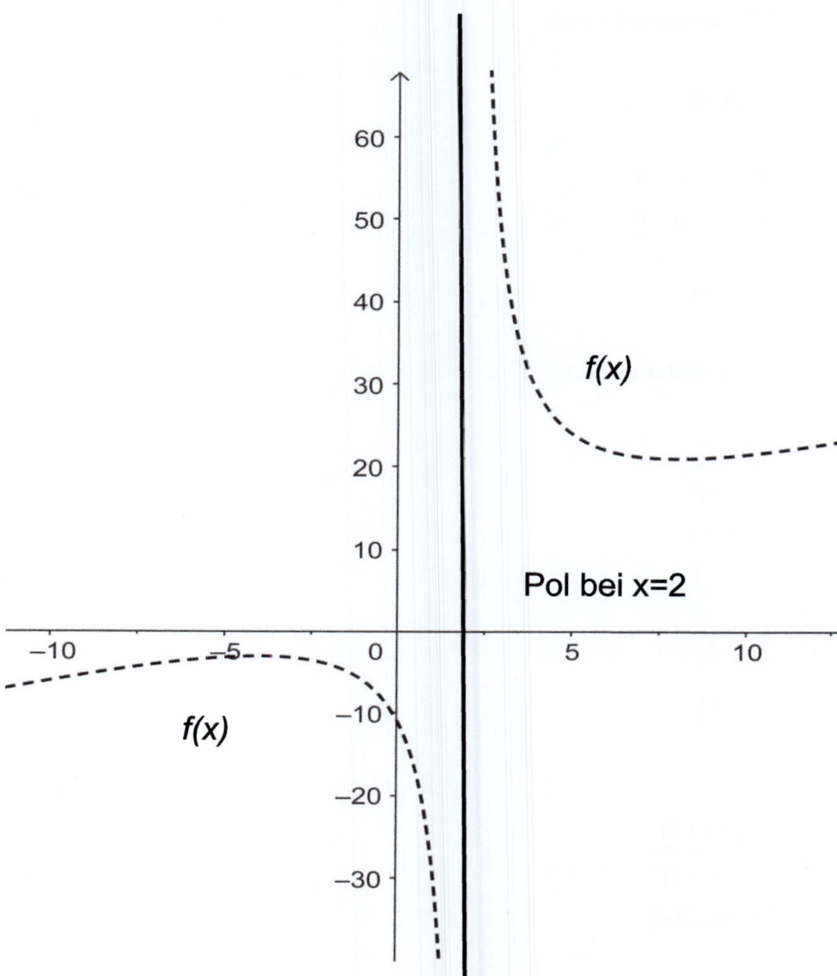



◘ **Abb. 10.6**   Graf der Funktion $f(x) = \dfrac{x^2 + 5x + 22}{x - 2}$

*4.7*

◘ Abb. 10.7 zeigt die Lage der drei Extremstellen.

*4.8*

Pole bei    $x_1 = -2$        $x_2 = +1$

$$\lim_{x \to x_1^-} f(x) = -\infty \qquad \lim_{x \to x_1^+} f(x) = +\infty$$

$$\lim_{x \to x_2^-} f(x) = -\infty \qquad \lim_{x \to x_2^+} f(x) = +\infty$$

(10.26)

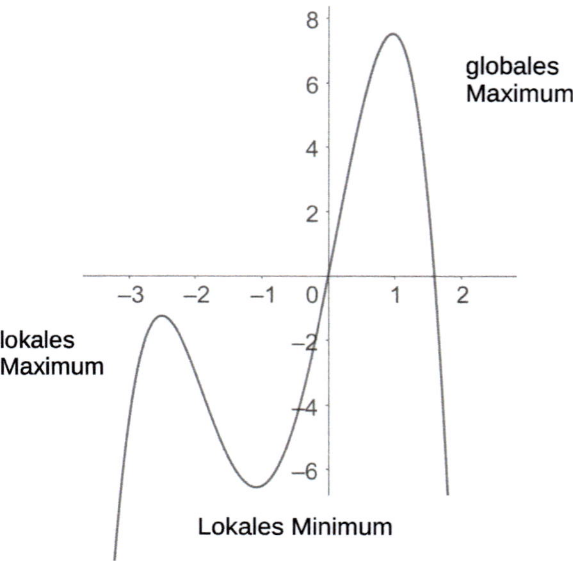


**◘ Abb. 10.7**   Graf der Funktion $f(x) = -x^4 - \frac{7}{2}x^3 + \frac{3}{2}x^2 + \frac{21}{2}x$ und Lage der Extremstellen

*4.9*

$$\lim_{x \to -\infty} f(x) = -\infty \qquad \lim_{x \to +\infty} f(x) = +\infty \qquad (10.27)$$

■ **Kap. 5: Integralrechnung**

*5.1*

$$F(x) = x - \frac{x^3}{3} \qquad [F]_0^1 = 0{,}667 \qquad (10.28)$$

*5.2*

$$a)\,\frac{x^4}{4}$$

$$b)\,\frac{x^4}{4} + \frac{x^3}{3} + \frac{x^2}{2} + x \qquad (10.29)$$

$$c)\,e^x + \sin(x)$$

$$d)\,\frac{e^{5x}}{5} - 2 \cdot \arctan(x) + x$$

*5.3*

$$a)\,F(x) = x \cdot e^x - e^x$$
$$b)\,F(x) = x \cdot \ln(x) - x$$
$$c)\,F(x) = -x \cdot \cos(x) + \sin(x)$$

$$(10.30)$$

*5.4*

Nullstelle bei $\qquad x = 0$

Integrationsergebnis $\;18 \cdot \ln(2) - 7 \cdot \ln(3)$

$$(10.31)$$

*5.5*

orientierteFläche $\qquad\qquad F(2,5) - F(-1) = -1,27$

Summe aller Beträge der Einzelflächen $\;\;4,05$

$$(10.32)$$

*5.6*

$$0$$

$$(10.33)$$

■ **Kap. 6: Vektoren, Skalarprodukt, Vektorprodukt**

*6.1*

Grafische Lösung: siehe ◘ Abb. 10.8

Rechnerische Lösung:

$$\vec{u} = \begin{pmatrix} 2 \\ 1 \end{pmatrix} \quad \vec{v} = \begin{pmatrix} 1 \\ 3 \end{pmatrix} \quad \vec{u} + \vec{v} = \begin{pmatrix} 2+1 \\ 1+3 \end{pmatrix} = \begin{pmatrix} 3 \\ 4 \end{pmatrix}$$

*6.2*

$$a)\quad\; b)\quad\; c)\quad\; d)$$
$$\begin{pmatrix} -1 \\ 4 \\ 1 \end{pmatrix} \begin{pmatrix} -8 \\ 7 \\ -7 \end{pmatrix} \begin{pmatrix} -2 \\ 6 \\ -3 \end{pmatrix} \begin{pmatrix} -2 \\ 6 \\ -3 \end{pmatrix}$$

$$(10.34)$$

◘ **Abb. 10.8**   Grafische Lösung der Aufgabe 6.1

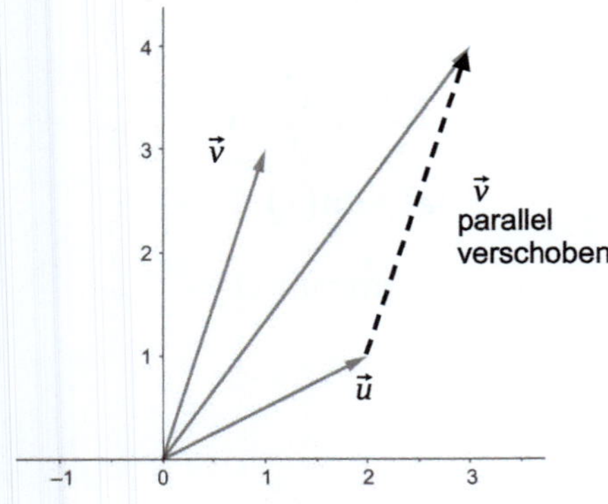

6.3

$$e_v = \frac{1}{\sqrt{(29)}} \cdot \begin{pmatrix} -2 \\ 5 \end{pmatrix}$$ (10.35)

6.4

| $a)$ | $b)$ | $c)$ | $d)$ | $e)$ | $f)$ |
|---|---|---|---|---|---|
| $-1$ | $17$ | $-17$ | $0$ | $-c$ | $-17a$ |

(10.36)

6.5

$$\lambda = \frac{1}{2}$$ (10.37)

6.6

$$\begin{pmatrix} -14 \\ -14 \\ -14 \end{pmatrix}$$ (10.38)

6.7

Keiner der einzelnen Vektoren ist ein Vielfaches aller anderen. Aber alle Vektoren zusammen sind linear abhängig voneinander.

- **Kap. 7: Analytische Geometrie von Geraden und Ebenen**

7.1

$$\vec{x} = \vec{a} + \mu \begin{pmatrix} 1 \\ -1 \end{pmatrix}$$ (10.39)

7.2

$$g : x_1 - 3x_2 = 10 \quad \Rightarrow \quad \vec{x} = \begin{pmatrix} 10 \\ 0 \end{pmatrix} + \lambda \begin{pmatrix} 3 \\ 1 \end{pmatrix}$$

$$d = \frac{7}{2} \cdot \sqrt{(10)}$$ (10.40)

7.3

$$d = 2$$ (10.41)

7.4

Widerspruch beim Lösen des LGS. Da die Richtungsvektoren nicht parallel sind, folgt die Eigenschaft: windschief.

7.5

Die Ortsvektoren sind linear unabhängig.

### ▪ Kap. 8: Lineare Geichungssysteme

**8.1**

$a)$      $b)$

$$x = -1 \qquad \text{Nicht lösbar}$$
$$y = 3 \tag{10.42}$$

**8.2**

$$x = 3 + t \quad y = -2 \quad z = t \quad t \in \mathbb{R}$$
$$a = 2 \quad b = 0 \quad c = d = 1 \tag{10.43}$$

**8.3**

$$\lambda_1 = 0 \;\Rightarrow\; x = 3 \quad y = z = 0$$
$$\lambda_2 = 4 \;\Rightarrow\; x = 3 - 2t \quad y = z = t \tag{10.44}$$

**8.4**

Ja.

### ▪ Kap. 9: Matrizen und lineare Gleichungssysteme

**9.1**

$$A + B = \begin{pmatrix} 5 & 0 & 4 \\ 6 & -1 & 4 \end{pmatrix}$$

$$\text{Nichtdefiniert} \quad A + C \tag{10.45}$$

$$2A - 3B = \begin{pmatrix} 0 & 0 & 7 \\ -8 & -2 & 13 \end{pmatrix}$$

**9.2**

$$A \cdot \vec{x} = x_1 \vec{a_1} + x_2 \vec{a_2} = \begin{pmatrix} 23 \\ 27 \\ 31 \end{pmatrix} \tag{10.46}$$

*9.3*

$$A \cdot B = \begin{pmatrix} 4 & 10 \\ 7 & 18 \end{pmatrix}$$

$$A \cdot C = \begin{pmatrix} 3 & 2 & 15 \\ 5 & 4 & 26 \end{pmatrix}$$

$$B \cdot A = \begin{pmatrix} 3 & 10 & 15 \\ 4 & 16 & 24 \\ 1 & 2 & 3 \end{pmatrix}$$

$$C \cdot B = \begin{pmatrix} 5 & 2 \\ 2 & 6 \\ 3 & 0 \end{pmatrix}$$

$$B \cdot D = \begin{pmatrix} 1 & 10 \\ 0 & 16 \\ 1 & 2 \end{pmatrix} \tag{10.47}$$

$$D \cdot A = \begin{pmatrix} 3 & 10 & 15 \\ 4 & 16 & 24 \end{pmatrix}$$

$$C \cdot C = \begin{pmatrix} 1 & 0 & 16 \\ 2 & 1 & 8 \\ 0 & 0 & 9 \end{pmatrix}$$

$$D \cdot D = \begin{pmatrix} 1 & 10 \\ 0 & 16 \end{pmatrix}$$

*9.4*

$$E \cdot \vec{x} = \vec{x} \tag{10.48}$$

# Serviceteil

Anhang – 194

# Anhang

## Empfehlungen zum Studium

Im Vorwort wurde bereits kurz darauf hingewiesen, dass die Methodik der Schulmathematik sich deutlich von der an einer Hochschule unterscheidet. Der wesentliche Unterschied ist das höhere Abstraktionsniveau. Daher sollte man frühzeitig (optimal also schon direkt beim Besuch der ersten Vorlesung) folgende Aspekte einüben:

- Was ist der genaue Kern einer Behauptung, die der Dozent gerade an die Wand projiziert hat?
- Was sind die genauen Voraussetzungen, die kurz vorher in der Vorlesung erklärt wurden?
- Wie hat der Dozent (ausgehend von den Voraussetzungen) die Beweisführung gestaltet?

Die in der Schule geübten Rechentechniken (oft mit Zahlen) helfen hier nur wenig, da die Beweise möglichst allgemein gültig sein sollen, es wird also abstrakter mit Variablen, statt mit Zahlen, gerechnet. Einzelne Zahlen in die Behauptung einzusetzen, und dann (bei fehlendem Widerspruch im Laufe der Rechnung) von der Gültigkeit der Behauptung auszugehen, ist keine korrekte Beweisführung.

Bei Beweisen ist es auch wichtig, zu wissen, ob bestimmte Aussagen notwendig oder hinreichend sind. Also die Zulässigkeit von Schlussfolgerungen (nur in eine Richtung oder in beide) spielt eine große Rolle.

Außerdem wird die Mathematik im Studium schneller unterrichtet als in der Schule. Der Stoff wird häufig rein „Vorlesungsartig" angeboten, daher sind Zwischenfragen seltener möglich als in der Schule. Es lohnt sich daher, eine Vorlesung sowohl vor- als auch nachzubereiten. Für die Nachbereitung sollte man mehrere Stunden ansetzen, insbesondere wenn man in der Schule nur einen Mathematik-Grundkurs besucht hat.

Die Übungen zu den Vorlesungen (durchgeführt von Tutoren) bieten daher eine perfekte Ergänzung zu den Vorlesungen. Hier sollte man alle Fragen stellen dürfen, die den Inhalt der Vorlesung verständlicher machen. Scheuen Sie sich nicht, parallel dazu zusätzliche Arbeitsgruppen mit Kommilitonen zu bilden, um in kleinem Kreis unter Gleichgesinnten den Stoff zu üben.

Auch wenn man in der Vorlesung selber glaubt, den Stoff verstanden zu haben, tauchen erfahrungsgemäß bei der ersten Anwendung Probleme auf. Daher sind Aufgaben absolut zentral, um sich zu vergewissern, dass man alles verstanden hat. Mit der Anwendung der mathematischen Sätze und mit Beispielen dazu gewinnt man die nötige Sicherheit im Umgang mit den abstrakten Formeln. Das selbstständige Rechnen von Aufgaben erzeugt dann auch die nötige Motivation für die kommenden Vorlesungen.

Bleiben Sie mit den obigen Hinweisen zu jedem Thema der höheren Mathematik quasi „am Ball", und fragen erst dann Kommilitonen, wenn Sie selber nicht weiterkommen. Das auswendig Lernen von Formeln oder sogar von Kochrezepten, wie man Aufgaben löst, erzeugt kein echtes Verständnis. In einer Klausur sitzt man wahrscheinlich oft vor einer neuen Situation, die nicht zum auswendig gelernten passt.

Wenn Sie alle Aufgaben in diesem Buch erfolgreich bewältigt haben, sind Sie wieder sicher im Stoff der Oberstufenmathematik. Das ist eine gute Basis, um das höhere Tempo und die höhere Abstraktion an der Hochschule zu meistern.